BOOK

新自然主義

BOOK

新自然主義

來自空中的殺手

KILLER FROM THE SKY

別讓電磁波謀殺你的健康

DON'T LET ELECTROMAGNETIC FIELDS
THREATEN YOUR HEALTH

陳文雄・陳世一

合著

電磁波來源檢測表：1分鐘揪出生活環境中的電磁波怪獸

請依生活環境現況，回答以下問題。

任一項目打 ✓，即為您生活中的電磁波來源：

可參考本書「CH 5 正確檢測與防範，請一定要學會」的建議方案做改善。

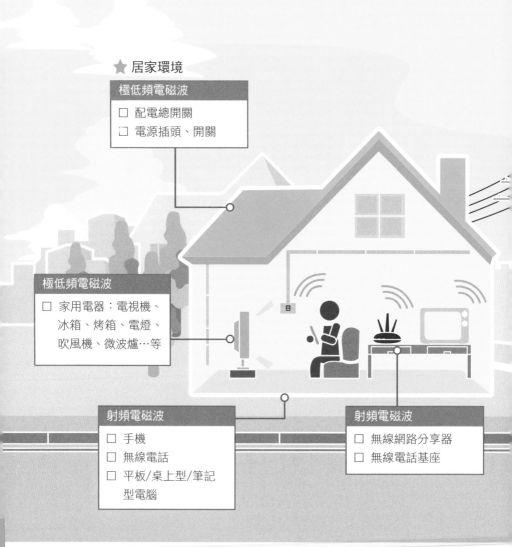

★ 居家環境

極低頻電磁波
- ☐ 配電總開關
- ☐ 電源插頭、開關

極低頻電磁波
- ☐ 家用電器：電視機、冰箱、烤箱、電燈、吹風機、微波爐…等

射頻電磁波
- ☐ 手機
- ☐ 無線電話
- ☐ 平板/桌上型/筆記型電腦

射頻電磁波
- ☐ 無線網路分享器
- ☐ 無線電話基座

★ 周遭環境

極低頻電磁波

☐ 發電場
☐ 變電所
☐ 高壓電塔

極低頻電磁波

☐ 桿上變壓器
☐ 路邊變電箱
☐ 空中或地下高壓電線
☐ 一般電線桿

射頻電磁波

☐ 基地台
☐ 電達站
☐ 電視發射台
☐ 廣播發射台

目錄

CH１ 電磁波確實會影響健康

用最高標準遠離極低頻電磁波的威脅　　　　　026
必須注意的極低頻電磁波發射源

833 毫高斯是嚴重錯誤的安全標準　　　　　　027
環保署已修正危害民眾安危的 833 毫高斯
833 毫高斯改為「瞬間暴露參考值」，絕非安全值
2 毫高斯以下安全，4 毫高斯以上有風險

CH 2 拒絕「看不見的殺手」肆虐美麗家園

CH 3 原來到處都有受害者挺身而出

CH 4 維護全民健康，至少要這樣做

CH 5 正確檢測與防範，請一定要學會

•本書隨時舉辦相關精采活動，請洽服務電話：02-23925338 分機 16

•新自然主義書友俱樂部徵求入會中，辦法請見本書讀者回函卡

開場白

一個愛鄉者的告白：為了更美好的家園，請向電磁波說不！

抗爭，是為了更美好的家園

2007 年我從美國俄亥俄州立大學退休，回到故鄉彰化，並接受國立中正大學經濟系的邀請，成為特聘教授。在結束了美國研究以及數十年教學生涯後，我一心希望將終生所學貢獻給自己的家鄉台灣，並享受安穩無憂的退休生活，但怎麼也沒想到，才短短一年時間，我美好的退休生涯規劃變得支離破碎……

記得隔年某天，我的小學同學著急的跟我說：「台電準備在村子拉一條『南投─彰林 345KV 超高壓輸電線』。」更令我震驚的是，台電已經向不少村民購得農地，但事前卻完全沒有讓住在這塊土地上的村民知道買地所為何用，而沿線附近的居民，大概要等到台電準備動工時，才會知道超高壓電塔即將矗立在自己家園。

一想到未來家鄉的天空布滿張牙舞爪的電纜線，並且一點一點的啃蝕著村民健康，我心急如焚，卻又無計可施。但是，這事迫在眉睫，不容許我有分毫遲疑，所以第一時間我請教了當時的前立法委員魏明谷（現為彰化縣縣長）。他告訴我：

「想要改變，只有抗爭。」為了保護我安身立命的家園，也為了村民更長遠的未來，2008 年夏天，我開始召集村民成立自救會，期間還邀請村長帶領我們，但村長卻站在台電立場反對我們的抗爭，既然如此，唯有靠自己挺身捍衛家園了。於是我們的自救會發起抗議超高壓電塔的連署行動，並獲得了田尾、北斗、社頭及田中等鄉鎮 857 人簽署支持，從此展開了長達 7 年的抗爭。而我的身分也有了轉變，除了是經濟系教授，更是一名帶領農民抗爭台電的社運人士。

一條漫長且不好走的路

從 2008 年到 2015 年的抗爭生涯中，我從一個局外者到成為內部的主導者，從完全不了解電磁波，到深入研究後成為電磁波環境守護者，為的就是希望經由徹底了解電磁波對人體的危害後，藉此訴諸正義公理，從社會到立法，全面喚起全民及政府對電磁波的風險意識及管控，在追求現代用電便利性的同時，也能兼顧大眾權益。

我深刻明白，帶領一個社會運動，要引起關注及共鳴，最重要的就是讓人們意識到這不是「個人的事」，而是「大家的事」，而且是「正確的事」！儘管正確，儘管事關大眾權益，然而七年來的抗爭，讓我體會到：這是一條不好走的路。

2008 年到 2012 年是台灣社會抗爭高壓電線、基地台、雷達站的高峰期，這期間全台共有數十個反高壓電線的自救會，也經常引起媒體關注，光是彰化地區的抗爭事件，就有高達

百篇以上的新聞報導，而透過人民的抗爭與媒體的轉播，才能引起立法院對電磁波的關注，除了立法院社會福利及衛生環境委員會在 2011 年 5 月召開電磁輻射公聽會外，環保署也特別召開一系列的專家會議，正視 833 毫高斯不是環境安全值的爭議。雖然我們的抗爭曾經一度引發媒體、社會，甚至政府部門的關注，然而令人遺憾的是，這場抗爭並沒有成功。隨著抗爭及媒體的報導次數減少，最近幾年，電磁波的議題已逐漸被社會所淡忘，而我們極力爭取停建的「南投—彰林 345KV 超高壓輸電線」，也已於 2013 年建好。對此，村裡的農民雖然無奈，卻也無可奈何了。少了媒體聚光燈後，這幾年來的血淚拚鬥，似乎只成了泛黃照片與茶餘飯後的磕牙話題。雖然從抗爭第一線的戰場上退役，但這些年來為了抗爭所做的調查與研究，卻始終提醒我：電磁波的威脅還在！

養成隨身攜帶電磁波檢測器的習慣

自從帶領抗爭後，我養成了隨時攜帶電磁波檢測器的習慣，除了測量高壓電線附近的電磁波外，也經常帶著檢測器到處量，因為我知道電磁波不只來自高壓電線，家用電器也可能有問題。

有一次，我帶著檢測器到中正大學經濟系一位教授的研究室，發現他所使用的空氣清淨器會釋放出超過 20 毫高斯的電磁波，而且空氣清淨氣的位置又緊接在他的座位後方。我說這個很危險，應該要把它移到離座位較遠的地方。之後，

他換了另一款較新的 Panasonic 廠牌的空氣清淨器又請我檢測電磁波，測量後發現，新機器的電磁波已經降到 2 毫高斯以下。

可見，除了高壓電塔外，我們生活常用電器，所釋放出的電磁波也有強弱之分。可惜，大多數的民眾，並不以為意，但我卻怎樣都不能視若無睹。

為自己、家人和朋友，提供防護罩

為此，我才想到應該把我這些年的抗爭與研究寫下來，藉此喚起大眾對電磁波風險的注意。儘管，我花了很長的時間做研究，了解電磁波以及人體健康的關係，但電磁波畢竟是一個專業的題材，我主修經濟，電磁波並非本行，為此，我特別邀請我的侄兒陳世一來幫忙。他主修物理，長期從事自然和環境教育工作，不但文筆好，已經出版了幾十本書，10年前曾替齊柏林闡釋他所空拍的「從空中看台灣」。

為了提升本書的深度及廣度，我們還一起採訪了電磁波受災戶以及相關的專家學者，並測量台灣許多地方的電磁波強度，企圖找出隱藏在我們身邊具有高風險的各類電磁波。

我希望藉由本書的出版提醒大眾，就算沒辦法擺脫這些圍繞在我們生活四周的電磁波，但可以藉由了解電磁波的風險及測量、記錄，標示出我們生活、工作地點中，長時間停留

的危險區和安全區，有意識的避開「看不見、摸不著」的強電磁波區，以確保自己、家人、工作伙伴及朋友的安全，就算真的無法避開，至少也要懂得適當的做好防護，避免身體受到長期慢性的損害。

對抗「看不見的殺手」，我們不能視而不見，現在就行動，從了解電磁波開始，到學習測量和防範，為自己、為家人、為朋友，提供多一點的防護罩。

專文推薦

現代人身處輻射風暴卻不自知

　　「南投—彰林 345KV 超高壓輸電線」是中央既定政策之國家重大建設計畫，主要在改善南彰化地區供電品質及提供中科四期二林園區用電需要，目前線路工程已完工送電。但是，台電從這條超高壓電線的路線規劃、購買土地建電塔等過程，皆引起在地居民反彈和抗爭。

　　我認為主要的問題出在台灣地小人稠，高壓電線及變電所向來被視為「鄰避設施」所致，許多民眾認為「為什麼高壓電塔一定要蓋在我家隔壁？」，加上高壓電塔、變電所、地下高壓電線設置距離民宅太近，令民眾產生疑慮。另外，電業法並無線下補償之機制，線下地主的權益受到影響，卻沒有合理的補償，讓民眾權益受損也是原因之一。如果台電在規劃施工時立即與地方溝通，對於民眾有疑慮的地方，能有合理的說明，相信可以降低衝突。

　　此外，台電是國營事業，隸屬經濟部管理，而民意代表有責任傾聽民意及監督政府，對於民眾反應國營事業不合情理的地方，立委有責任出面協調，以符合人民期待及社會公平正義。有鑑於電業法並無對線下補償之相關法源，致公共電業設置線路穿越非公有土地時，因高壓輸電路可能引發疾病之疑慮，民眾與業者抗爭事件頻傳，為降低公用電業線路設置之爭議，因

此 2012 年任立法委員時，與呂玉玲等同事一起提案修正「電業法第 51 條」，要求明定公用電業線路通過私人土地之空間範圍時，應給予補償外，新設之電塔及電纜應遠離學校及住宅區。

擔任立委期間，我有協助抗爭的經驗，也深知超高壓電線對周邊居民健康的危害；加上電磁波、非游離輻射與國民健康的關聯性是目前大家所關心之議題。自 2014 年 12 月 25 日擔任彰化縣長後，除責令彰化縣環境保護局除辦理定期主動檢測及接受陳情檢測之外，並製作《環境中非游離輻射宣導手冊》，於辦理宣導會或外出稽查檢測時提供予民眾作為參考。另有關電磁波安全教育方面，彰化縣政府也配合研擬相關教育訓練課程，加以推廣，提供民眾更多元的管道，瞭解電磁波及相關之安全防護知識，以保護縣民的健康。

本書作者陳文雄教授是國立中正大學經濟系特聘教授，也是帶領農民抗爭台電的社運人士。我協助陳教授抗爭期間，對其嚴謹熱心的精神及對社會大眾的關心，深感佩服。陳教授對於現代人身處輻射風暴卻不自知，感到十分憂心。為了讓更多人認識看不見的殺手：電磁波，陳教授與陳世一特別將艱澀難懂的科學理論化為簡單易行的健康知識。這本《來自空中的殺手：別讓電磁波謀殺你的健康》，不僅敘述記載了他們與台電的七年抗爭外，還特別提供了正確且實用的電磁波測量方法與防護對策，是一本值得推薦閱讀的好書！

魏明谷
彰化縣縣長

甜蜜住家卻隱藏著健康殺手

2008 年，我在拙作《別讓房子謀殺你的健康》中曾提到，待最久、也最放鬆的甜蜜住家，可能隱藏著輻射、有機化合物、超細懸浮微粒、黴菌孢子……等健康殺手！當時，我特別把輻射獨立篇章詳細說明，就是希望讀者能多多注意這個隱藏在家中看不見的能量殺手，可惜一般人都很鐵齒，非要疾病找上門才會警覺。

欣見陳教授專文專書介紹電磁波對人體健康的傷害，書中引據醫學文獻、詳列生活中電磁波來源、網羅受害者現身說法，也提供一般人自我防護的正確方法，我樂之為序。

江守山
江守山
腎臟科名醫

重視民眾規避風險的需求

1986 年，蘇聯車諾比發生了嚴重的核電廠意外，影響幾乎遍及整個歐洲，德國學者貝克，適時提出了風險社會的概念，對時下一些新科技產品的運用，提出警訊。隨著科技進化的程度加速，很多現代化的產物在還沒有經過詳細的風險評估與確認，便已經普遍的運用於人群生活之中，例如核能、基因改造食品，乃至電磁波的暴露等等，這些高科技的產物，對人體的危害程度雖然還迭有爭論，但它們讓現代人暴露於過多額外的風險之中，卻也毋庸置疑。

以電磁波為例，身處日新月異的工業社會裡，我們的生活少不了電器用品，行動電話，乃至無線上網的 WiFi，這些用品雖然帶給我們無比的生活便利，然其所伴隨的電磁波風險，卻也同樣令人擔憂。針對電磁波風險的問題，陳文雄教授從鄉土關懷的角度出發，佐以學術文獻蒐集與草根田野調查，完成了此一專書著作，透過本書，不僅讓讀者正視電磁波風險，更能了解身邊電磁波的來源，與防護自救之道。

而除了民眾自救之外，過去許多環保團體曾經對政府提出電磁波暴露風險的質疑，卻屢屢得到官方的樣板回應：「現代科學無法證明電磁波有害人體健康」。對此陳文雄教授更要求為政者能從風險減免的角度出發，以預警原則的態度來回應民眾對風險規避的需求。套句現在流行的用語：「自己的風險自己顧」，或許更積極公民社會的力量，未來正是解構風險社會的可靠途徑。

李應元
行政院環境保護署署長

社區民眾守護健康的寶典

　　陳文雄教授是我敬佩的學者，精湛於健康經濟、消費經濟的研究，是國內外知名的學者。

　　他不只是在研究室內做學術研究，他從美國返回台灣，在熟習的田園中，關懷自己的故鄉，深入研究在我們生活周遭影響健康因子。他號召有識之士，投身守護環境，並向政府陳情、政策倡議和施壓，讓台灣這片土地變得更清靜和永續，他的成就令人敬佩。

　　陳教授還把生澀的學術論述和歷程，轉換成通俗有趣，容易理解的方式，讓民眾了解影響健康的隱形殺手：電磁波，可以說是一本守護健康的寶典，以社區民眾的角色，期待這本專輯的出版。

洪德仁

洪德仁
臺灣健康城市聯盟理事長、
台北市北投文化基金會創辦人

「看不見、摸不著」的電磁波危害

電磁波一直是我關心的健康議題，很高興見到陳教授抱持「防患未然」的理念，將自己帶領農民與台電的 7 年抗爭過程，以及多年鑽研電磁波的研究文獻，化做《來自空中的殺手：別讓電磁波謀殺你的健康》一書，讓電磁波測量方法與防護對策的知識普及到一般大眾，達到為自己、家人提供防護罩的目的。

這本書用很淺顯的文字介紹了「看不見、摸不著」卻無所不在的電磁波，讓一般人能夠很快了解電磁波的來源和危害，是一本大眾兼顧生活品質與身體健康不可或缺的指引。

許立民
台北市政府社會局局長

電磁波已被世衛組織認定為致癌物

電磁波看不到、摸不到、聞不到，已被世界衛生組織認定是 2B 致癌物。2006 年間，我接連遭遇住家及工作場所旁有高壓電纜線設置，暴露於電磁波下，常常頭痛、記憶力衰退、褪黑激素分泌減少等症狀也發生，又由於常使用手機及使用筆電無線上網，乳房也長了多顆腫瘤。

身為環保團體幹部，懼怕電磁波，只得召開記者會與陳情抗爭，媒體報導後，也結識了陳文雄教授。《來自空中的殺手：別讓電磁波謀殺你的健康》一書是陳文雄教授帶領家鄉村民對抗高壓電塔設置的抗爭過程，對抗一役雖敗，但陳教授及自救會的奮勇經歷仍是值得大家學習。另外，本書也整理電磁波受害者及相關資訊，透過此書定能增進讀者對於電磁波的危害性及因應預防的瞭解。

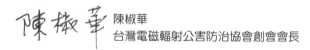

陳椒華
台灣電磁輻射公害防治協會創會會長

環境中充滿極低頻、射頻電磁波

電磁波是健康的無形殺手！對全世界皆然。在台灣，隨著現代生活環境與通訊型態改變，暴露在各類新型態和越來越強的電磁波，導致身體可能的受損，已經不再是某些工作場所或族群的專利。無論是高壓電、變電所等戶外電力設施所發射的極低頻電磁波，還是為了通訊、偵測、視訊傳播等目的而發射的射頻電磁波，已經普遍存在我們生活環境中，讓人不得不防，卻又不知從何防範。

本書作者陳文雄教授是位專業且具有高度使命感的優秀學者與社運人士，能將艱澀難懂的科學理論與健康知識化為淺顯易懂的觀念，並加上他個人在台灣的經驗，藉此喚起大眾對電磁波風險的注意，並引導讀者實踐電磁波防護等生活習慣，是一本相當值得閱讀的好書！

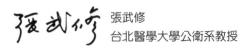

張武修
台北醫學大學公衛系教授

這本書讓你更深層體認現代生活危機

互古以來，宇宙中的所有物體（包括你我）都會釋放電磁波；現代社會電器用品大增，籠罩我們的電磁波頻率與種類，應該遠比古代更為繁多，那麼，它究竟會不會對人類造成危害呢？本書與一般僅用學理論斷的刊物不同，親身投入抗爭的陳文雄教授，用真實的案例，告訴你電磁波可能會對人們產生的可怕影響。

一條高壓電線，改變了陳文雄教授的退休生活；或許這本《來自空中的殺手：別讓電磁波謀殺你的健康》，也能讓你對現代生活的潛藏危機，有更深一層的體認。

謝寒冰
資深媒體人

第 **1** 章

電磁波確實會
影響健康

有些人對強電磁波很有感覺，有些人沒什麼感覺，
不論你有沒有感覺，只要你置身強電磁波環境中，
電磁輻射都會時時刻刻碰撞你的細胞、神經組織，
短期間可能不會有事，但電磁波有累積效應，
長期照射可能使不敏感者變成敏感症患者，也可能引發各種疾病。
因此，並不是對電磁波沒有感覺的人就會沒事。

用最高標準遠離極低頻電磁波的威脅

必須注意的極低頻電磁波發射源

　　多數人對長期的、間接的或隱藏性的可能健康傷害較無感，對不是電磁波敏感者而言，感覺上電磁波好像不存在，然而，長期照射的不確定風險卻是確定存在的，時間可能是3、5年、10年甚至20年，發現影響時已經來不及了，嚴重時可能使不是電磁波敏感者變成敏感者，也可能因為受到長期強烈的照射，使人體在許多環境或內在因素交互作用影響下，引發各種疾病或癌症，千萬要特別小心，對強電磁波的威脅，能避免最好盡量避免。

　　因此，要奉勸大家「預防最重要」，現在花一點時間檢測環境中電磁波的強度，不要成為無辜、無知的受害者，才不會造成未來健康無法挽回的大遺憾。

　　我們生活環境中所有的電線、家電用品和變壓器等都會產生極低頻電磁波（見第28頁），因此，我們必須將這些設施找出來，同時設法測量它們的強度，才能了解我們環境中電力設施和極低頻電磁波強度的對應關係和影響範圍。

833 毫高斯是嚴重錯誤的安全標準

無論是世界各國或台灣，都沒有極低頻電磁波的安全標準。台灣以前訂的 833 毫高斯環境建議值常被台電拿來當成極低頻電磁波的安全標準，這是非常離譜的嚴重錯誤，也誤導社會大眾多年，如今，833 毫高斯已修正成為瞬間暴露參考值，也就是人們一刻都不能停留在超過 833 毫高斯的環境中。

環保署已修正危害民眾安危的 833 毫高斯

歷經台灣電磁輻射公害防治協會及台灣各地電磁波受害者多年來的抗爭，並舉證國外電磁波的管制及世界衛生組織指引，要求環保署修改環境建議值名稱，才不會被台電等利益團體及相關學者誤用。立委田秋堇和劉建國於 2011 年在立法院舉行公聽會，環保署空保處處長謝燕儒也舉行多場專家會議，有多位醫界、公衛專家支持修改 833 毫高斯環境建議值。

台大醫師許立民（現為台北市政府社會局局長）在立法院公聽會中指出，長期暴露在極低頻非游離輻射中所做過最多的研究是小兒白血病。世界衛生組織（WHO）附屬的國際癌症研究署(IARC)研究長期曝露在 3~4 毫高斯以上的 15 歲以下兒童，小兒白血病危險率是一般的 2 倍以上。流行病學也陸續提出包括腦瘤、乳癌、異常生殖、沮喪、失眠等行為，也被懷疑和極低頻電磁波有關。

生活中會產生極低頻電磁波的設施和電器

變電設施

- 一次變電所
- 二次變電所
- 路邊變電箱
- 桿上變壓器

輸電設施

- 超高壓輸電線
- 高壓輸電線
- 一般輸電線
- 室內配線

各式家用電器

- 電燈　　・電腦
- 電視機　・電扇
- 洗衣機　・電毯
- 冷氣機　・電動刮鬍刀
- 冰箱　　・電暖器
- 電磁爐　・充電器
- 微波爐　・臉部、腰背部
- 吹風機　　等各類按摩器
- 錄放影機

台北市社會局局長許立民指出，長期暴露在極低頻中做過最多的研究是小兒白血病。

　　行政院環保署終於修正「833 毫高斯環境建議值」，在 2012 年 11 月 30 日訂定「限制時變電場、磁場及電磁場暴露指引」，取消「環境建議值」的名稱，改稱「參考位準值（Reference level）」，且明確定義 833 毫高斯指的是「短期暴露效應」，並不是「長期暴露的安全值」。

　　「電磁場暴露指引」第一條即強調電磁波短期及長期暴露的影響：「為防制科學上已確定機制之人為時變電場、磁場及電磁場所引起短期暴露造成之急性效應及長期暴露影響。」

　　第三條則說明長期暴露影響的因果關係，目前國際研究仍無充分的證據，因此，無法制定限制值，但預防措施仍納入指引中。政府部門的相關部會再以這份指引訂定電磁波預防的措施。不過，到目前為止環保署仍無進一步的規劃措施。

833 毫高斯改為「瞬間暴露參考值」，絕非安全值

從 2001 年環保署訂定極低頻電磁波「833 毫高斯環境建議值」之後幾年間，台灣各地因高壓電纜、變電所產生極低頻電磁波公害抗爭事件層出不窮，台電也不斷抬出合法的「833 毫高斯」來對抗受害民眾，甚至到現在都還有台電員工以「833 毫高斯」安全在矇騙無知的受害者。

因此，在台灣電磁波推廣教育的重點，如何讓更多民眾了解「833 毫高斯」只是「瞬間暴露參考值」，也就是人們一刻都不能在 833 毫高斯及更高的磁場環境停留，否則，身體的細胞、肌肉就會受到刺激而可能導致健康風險。至於台電員工過去常對受害者說的「只不過是幾十毫高斯而已，離 833 毫高斯國家安全標準值還非常的遠，很安全。」這些話都要被糾正。

環保署從 2001 年訂定「833 毫高斯環境建議值」，到 2012 年才修正為「瞬間暴露參考值」，在這段期間因環保署錯誤標準而受害的民眾又能如何呢？

許立民醫師認為，所謂的國家安全標準值是要被重新定義，原來的 833 毫高斯是瞬間暴露的參考值，而非安全值，我們長期生活的安全值是多少？沒人知道。

我們來看看其他國家的案例，德國、瑞士健康住宅的標準是室內 1 毫高斯以下，和我們現在住家量的差不多。安全標準值多少不知道，但目前看起來 2 毫高斯大致是安全的，像

行政院的機房附近有 10 幾毫高斯，自己就裝鋁板；將強度降為 5 毫高斯。

因此，雖然沒有明確的數字，但大家心裡都有一把尺，一般 2~4 毫高斯這個區間如果超過，大家就會害怕，德國的安全住宅標準是 1 毫高斯，我們住家背景值大約是 0.7、0.8 左右，這些數值離 833 毫高斯是多麼的遙遠，但 833 毫高斯卻被台電拿來成為和我們溝通的工具時，我們顯然不會同意。

2 毫高斯以下安全，4 毫高斯以上有風險

人體長時間暴露在多少劑量的極低頻磁場或射頻電磁場輻射是安全的？迄今為止仍然是科學界爭論不休的議題。

長期停留指的是停留 4 個小時以上，無論室內或戶外。因為人睡眠時通常超過 4 個小時，而且，處於休息狀態的人體通常不會有什麼大的動作，因此，如果身處高劑量極低頻電磁波照射的環境，可能因神經細胞受到干擾，使人的頭部會有較顯著的不適感覺。室內如客廳、沙發、書桌等也都是人們長時間停留的地方，如果每天受到高劑量極低頻電磁波照射，也較容易有不好的影響。

就極低頻電磁波長期暴露而言，德國、美國的相關團體提出，「室內磁場應在 1 毫高斯以內才算安全」。一般認為 2 毫高斯是一個可以接受的標準，若超過 4 毫高斯就會有較大的風險。

電磁波小百科

安全標準是機率問題

台南大學鄭先祐教授說，安全標準是一個機率問題，例如 1 萬人中有 1 個人產生病變，那萬分之 1 以下就變得安全了，但事實上，你有可能就是萬分之 1 裡面的之 1，就好像我們買樂透，明明知道不容易中獎，但還是去買了，為什麼去買？因為你想說或許會中獎，那機率更低，據說是被雷公打了好幾次的機率，但是，還是有人中獎，雖然中獎機率很低，也有人沒買幾張就中獎了。所以，能夠避免就避免，不要以為這樣就安全！機率很低就 OK，那其實是錯誤的觀念，因為確實有風險，只是機率不高而已。也就是說，假設那是安全的，但是我們並不保證，在有風險的情況下，能避免就盡量避免，人生活的環境應該盡量避開電磁場、輻射線等，這是重要的基本原則。

在台灣大多數人都聽過電磁波的影響，但因為有爭議，而且台電、電信公司等都會廣告說它沒問題，有些學者會出來說它有問題。但在有爭議且又無法證明它無害的情況之下，就應該要避開，除非你能證明它是無害的。

15 歲以下兒童長期暴露在極低頻電磁波中，小兒白血病的罹患率是一般人的 2 倍以上。

電磁波小百科

電線就藏在我們的生活環境中

台灣南北長約 390 公里，東西寬約 140 公里，然而，345KV 的架空超高壓電線長度是台灣南北長度的 10 倍，161KV 和 69KV 的電線就更長了；至於埋在地下的電線，345KV、161KV 及 69KV 加起來也長達台灣南北長的 10 倍以上，無論是看得見的架空電線，或埋在地底看不見的電線長度都很長，我們必須特別提防這些電線發射出的極低頻電磁波對我們健康造成的風險，尤其是我們看不見的地下高壓電線，因為埋得不夠深、又離住家很近，對人體健康影響的風險特別高。

台大醫院許立民醫師說，極低頻電磁波現在並沒有一個世界公認安全值的數字，但相關的報告讓我們知道，那個值隱約在那裡。

有時不是全有全無，高壓電纜線埋 1.5 公尺，量到 10 幾毫高斯，太高了，要求台電埋 3 公尺，就可降到 5 毫高斯，再埋深一點，就變成 4 毫高斯或 3 毫高斯。雖然沒有一個確定的值，但大家隱約有一個共識值。

2014 年台灣輸配電線公里數　（單位：回線公里）

電壓（KV）	架空	地下	總計
345	3,904	101	4,005
161	4,656	2,359	7,015
69	4,682	1,584	6,266
總計	13,242	4,044	17,286

資料來源：台灣電力公司。

先進國家對高壓電纜線的預警規範

國家 （地區）	預警規範	高壓電纜線 電壓 （千伏特）	距離 （公尺）
美國加州	高壓電塔、電纜設施和學校的距離	50~133	30.48
		220~230	45.72
		500~550	106.68
義大利	高壓電纜線和住宅區的距離	132	10
		220	18
		380	28
盧森堡	高壓電纜線和住宅區的距離	65	20
		100~200	30
斯洛伐克共和國	電纜線設置距離	1~35	10
		35~110	15
		110~220	20
		220~400	25
		> 400	35
賽普路斯	電纜線與建築物的設置距離	66	13
		132	15.5
		220	20
丹麥	高壓電纜線與住宅區的距離		> 50
西班牙	電纜線、電導體設施和建築物距離		6公尺以上

資料來源：《電磁輻射公害防治手冊》32、33。

極低頻電磁輻射環境預警限制值

各國團體或研究報告	室內環境 預警限制值
德國健康住宅協會	1mG
美國電磁波風險評估報告（2007 年 8 月）	1mG

資料來源：《電磁輻射公害防治手冊》46。

瑞士的預警原則規範

敏感使用區域	電纜線電磁波強度限制
民眾住宅區、公私立學校、校園、操場、兒童遊戲場等所有區域	< 10mG

資料來源：《電磁輻射公害防治手冊》32。

你是電磁波敏感者嗎？沒有感覺並不代表安全

　　每個人對過強電磁波的神經感覺並不相同，有的人進入稍強一點的極低頻電磁波環境不久，就會感到不舒服；有的人在過強的電磁波環境中卻沒有什麼感覺。專家們把對電磁波敏感的人稱為患有「電磁波敏感症」。

　　電磁波敏感症為長期暴露在過量電磁波環境中引起神經與過敏的一種症狀，患者會出現頭痛、眼睛灼熱、頭暈、嘔吐、皮膚疹、身體虛弱、關節疼痛、肌肉疼痛、耳鳴、麻痺、臉腫脹、疲勞、下腹收縮痛、心律不整、心臟跳動不規則、呼吸困難等，嚴重時也有可能引起中風、沮喪、慌張、精神不集中、平衡感失調、抽筋、記憶力減退、淺眠等症狀（《電磁輻射公害防治手冊》：23、24）。

　　電磁波敏感者對過強電磁波會有神經質或過敏的反應，從我們拜訪過的電磁波敏感者的敘述中發現，過量的極低頻電磁波會使人身體有悶悶的感覺，越嚴重的患者感覺越強烈，

有的人皮膚會有點癢，或覺得處在一種骯髒的環境中，不太舒服，但又不確定有什麼問題，而且在安靜的時候，有些人還可以聽到電磁波的聲音，如果劑量更高，則會出現頭痛、頭暈、失眠、噁心等症狀。

沒有電磁波敏感症的人也不必高興，因為這並不代表過強的電磁波對你無害，甚至還有可能因為你沒有感覺，長期受到過強電磁波照射而不自知，等到身體出狀況後反而已經罹病很嚴重了。

電磁波小百科

電磁波敏感症的人口比率

關於電磁波敏感症占人口的比率，不同單位的調查估計相差極大，美國一項職業醫學中心調查估計，電磁波敏感者約為每百萬人口中的幾人；但另一項民間團體調查的估計，電磁波敏感者約為人口數的 10％。

瑞典官方的資料顯示，有 2％~5％的人口比例為電磁輻射敏感者（《電磁輻射公害防治手冊》：23）。反觀台灣目前還沒有這方面的相關研究。

電磁波敏感者在不同國家的比率也不太一樣，在瑞典、德國和丹麥報告的電磁波敏感症發病率比英國、奧地利和法國高。

> **電磁波小百科**
>
> ## 電磁波危害，重則恐危害生殖系統
>
> 　　電磁波排名全台第 2 高的南投南崗變電所，不但蓋在大排「護城河」旁，周圍更是路樹茂密、圍牆高聳；附近居民鄒漢欽說，在這邊住了 20 年，從不知道有變電所，「不時聽說有居民罹癌」，希望遷走變電所，不遷也要將線纜地下化、弱化電磁波。
>
> 　　台北醫學大學公衛系教授張武修說，電磁波恐危害人體中樞神經、免疫及神經系統，輕者恐神經衰弱、頭暈頭痛，重者恐使白血球變少、生殖系統受影響。變電所應標示輻射值，並針對潛在造成癌症等問題告知（蘋果日報 2016.05.02）。

電磁波對人體的 3 大影響方式

　　由許多生物電磁學研究者從各方面研究電磁波對人體的影響，綜合得知主要是熱效應、非熱效應和累積效應等。

❶ **熱效應：**指波長短、頻率高的電磁波對人體細胞產生加熱作用，如皮膚被夏天的艷陽晒傷；在高功率射頻發射器旁工作的人，太靠近時不小心也會被射頻加熱燒傷；微波爐加熱食物的原理即為將食物中所含的水分子加熱，人體內 70％以上是水，水分子受到電磁波照射後會產生摩擦，造成體溫升高，進而影響身體器官的正常運作。

❷ **非熱效應：**人體的器官和組織都有微弱的電磁場，都穩
   定的維持平衡，如果受到外來電磁波的干擾，原本平衡的
   微弱電磁場可能會受到干擾或破壞，人體正常的循環機能
   也會受到影響。極低頻電磁波也會對生物體產生複雜的生
   物效應（如細胞、DNA、神經傳導、內分泌等），但學
   術界到目前為止，對極低頻電磁波對生物體作用的基本機
   理，還沒有足夠的了解。

❸ **累積效應：**熱效應和非熱效應同時影響人體後，在人體
   的傷害尚未自我修復前，如果再次受到電磁波輻射的破
   壞，傷害就會逐漸累積，久而久之就會成為永久性的健康
   傷害，甚至危害生命。

   對有些長期受到電磁波照射的人們，即便輻射的功率很小，
頻率也很低，但仍然有可能會誘發一些意外的病變，應該特
別小心。

   許多國家的科學家經過長期研究已證明：長期接受電磁輻
射會造成人體免疫力下降、新陳代謝紊亂、記憶力減退、提
前衰老、心率失常、視力下降、聽力下降、血壓異常、皮膚
產生斑痘、粗糙，甚至導致各類癌症等；男女生殖能力下降、
婦女易患月經紊亂、流產、畸胎等症狀。

極低頻電磁波是致癌大怪獸

早在 1979 年，美國學者 Wertheimer 和 Leeper 就率先發表輸配電線路電磁場暴露與疾病關係的流行病學研究，他們認為人們若暴露在輸配電線旁較高電磁場的環境，會有較高的罹癌風險。這個研究引起學術界和流行病學界對電磁波健康風險的注目和相關的研究（2007 年國際大型統合電磁輻射健康風險研究報告第 10 章第 2 節）。

到底多強的極低頻電磁波，照射多久會對人體健康產生影響？到目前為止還沒有明確的標準答案。但多數的研究者認為確定有健康風險，處於越強的極低頻電磁波環境時間越久，風險越高，至於影響的結果不確定，且影響會因人而異。

目前所知，長期身處過量極低頻電磁波的環境，對人體健康影響的研究，以兒童白血病罹患率增加較為確定。

極低頻電磁波為 2B 級可能致癌物

世界衛生組織（WHO）附屬的國際癌症研究署（IARC）在 2002 年將極低頻電磁輻射列為「2B 級可能致癌物」。和塑化劑、苯乙烯、咖啡等為同級可能致癌物。若是高劑量、長時間暴露、接觸或飲用可能會致癌。

電磁波是 2B 級致癌物，和咖啡、泡菜、塑化劑同等級，我們不會因為咖啡、泡菜是 2B 級致癌物，因此就不喝咖啡、

不吃泡菜，我們也不會因為電磁波是 2B 級致癌物，所以就
不用電燈、不用電器。可是，我們總不能一天到晚都一直喝
濃度很高的咖啡，隨時不停的吃泡菜，使自己不斷身陷致癌
的風險中。

　同樣的道理，我們也不能讓自己一直置身於很強的電磁波
環境中而不自知，使自己面臨可能致癌的風險吧！

國際癌症研究署（IARC）致癌物等級

IARC 人類致癌因子分類表		
歸類級別	歸類說明	因子範例
1 級 確定為 致癌因子	流行病學證據充分。	石綿、芥子氣、菸草（吸或嚼）、γ 射線、檳榔、柴油引擎廢氣等 108 種。
2A 級 極有可能為 致癌因子	流行病學證據有限或不足，但動物實驗證據充分。	太陽燈、紫外線輻射、福馬林、高溫油炸澱粉（炸薯條）等 64 種。
2B 級 可能為 致癌因子	流行病學證據有限或不足，且動物實驗證據有限或不足。	咖啡、汽油引擎廢氣、極低頻磁場對兒童白血病、含無線電話在內之射頻電磁波等 249 種。
3 級 無法歸類為 致癌因子	流行病學證據不足，且動物實驗證據亦不足或無法歸類入其他類別。	極低頻電場、靜電磁場、甲苯、氨比西林（盤尼西林之一種）、次氯酸鹽等 508 種。
4 級 極有可能為 非致癌因子	人類及動物均欠缺致癌性或流行病學證據不足，且動物致癌性欠缺。	乙內醯胺（製作尼龍之中間原料）1 種。

資料來源：衛生福利部國民健康署

為什麼血癌、腦瘤關係較大？

台北醫學大學公衛系教授張武修說，有許多可能和極低頻電磁波影響有關的癌症，除了白血病之外，也有腦瘤，老人失智症、智力障礙、乳癌等，很多人都離高壓電線很近，他們也都認為自己的癌症可能和高壓電線放出的極低頻電磁波有關。

就流行病學的看法，我們得知癌症與「基因」和「環境」兩項主因素有關。基因也有很多種，有的基因有那個特質，但如果沒有致癌環境，就不會誘發，所以那個基因沒有危險，但有些基因就會誘發；環境也有很多樣，什麼環境會誘發，像食用油、食物、空氣、周遭環境及生活壓力等，其實很複雜，有這麼多原因在競爭貢獻癌症的發生，不是只有一個原因，可能有多重原因。

台北醫學大學公衛系教授張武修(右)指出，有許多癌症都可能與電磁波有關。

　　但為什麼說血癌和腦瘤和低頻輻射的影響關係較大，那是在其他因素都考慮到之下，它還是非常突出。

　　尤其兒童白血病和抽菸較沒有關係，低頻輻射高強度照射會產生很多種疾病，但兒童白血病和腦瘤特別突出，因為其他原因比較不可能和它競爭，所以才找出來影響相對比較高。

極低頻電磁波致病案例層出不窮

真實案例❶恐怖屋內的危機

　　林小姐是職業婦女，最近換了租屋處搬了新家，每天上班回家後都會感覺頭有點暈，晚上睡覺時也常似睡非睡，經常處在半睡半醒的狀態，睡眠品質很差，有時還會半夜醒來，然後就睡不著覺，由於第二天還要上班，因此，經常精神恍惚，然而，一到辦公室以後頭就不暈了。這種一回家就感到頭暈的症狀使她很困擾，去醫院作身體檢查也沒有任何異狀，朋友都說她是神經質、體質過敏等。可是，林小姐心裡懷疑，我以前不會這樣啊！

　　有一次周末，林小姐的閨中密友張小姐要來同住一晚，她們先在客廳吃水果，後來進入臥室準備睡覺時，林小姐開始覺得頭暈、頭痛，沒有多久張小姐也覺得頭很暈，兩個人就討論起為什麼會頭暈，張小姐突然想起曾看過的一則新聞，

說電磁波過強會使人頭暈、頭痛、胸悶、睡眠品質不良、耳鳴等，於是就聯絡一個熟識的朋友，第二天來幫她們測量電磁波強度，測量後發現，臥房的電磁波高達 20 幾毫高斯，客廳也有 10 毫高斯。林小姐問那位朋友，幾毫高斯才安全？朋友說沒有電線干擾的背景值是 1 毫高斯左右，但幾毫高斯以上有風險他也不能確定。

林小姐找到頭暈、頭痛的原因後，立即退租另外找房子搬出去，這次租房子前，先請朋友來幫忙測量一下臥室及客廳，磁場都在 2.5 毫高斯以下，搬進去以後，她頭暈、頭痛的症狀就完全消失了。

真實案例❷ 地上高壓電纜線的威脅

我們曾經前往台中霧峰甲寅村，拜訪高壓電纜線的受害者顏秀蘭女士，她說甲寅村原本只有一個 69KV（千伏特）的小變電所，1999 年 921 大地震發生後她的房子都壞了，於是花了很多錢重新建新樓房，但台電卻在 2003 年增建 169KV 高壓和 345KV 超高壓兩棟變電所，而且，電纜線就從她家樓房旁邊的上空穿越而過。

沒多久她晚上就經常半夜驚醒，頭痛、耳朵發熱，且難以入睡，本來她也不知道是高壓電纜線發出過強極低頻電磁波的影響，後來，她到台北參加環保聯盟的活動時，認識台灣電磁輻射公害防治協會的理事長陳椒華老師以後，才知道症狀原來是受高壓電線發出的極低頻電磁波造成的，陳老師還

告訴顏女士，她應該是電磁波敏感者，對過強的電磁波特別敏感，也就是說，她有「電磁波敏感症」。

顏女士認為，過強電磁波最可怕的時間是在睡覺的時候，因為睡覺時都在同一個地方，不會改變位置，過強的電磁波就一直照射，經常半夜驚醒，不得已只好想辦法自救，她以自製的鋁箱罩住頭部，阻擋過強極低頻電磁波照射她的頭部，也只有這樣才能勉強入睡。

有多年電磁波受害經驗的顏女士認為，受到過強極低頻電磁波不斷照射的人可能在大約 5 年至 10 年之間會發病，她說甲寅村這裡高壓電線經過的兩旁居民很多人罹癌。

真實案例❸ 地下高壓電纜線的傷害

桃園縣楊梅鎮（現為桃園市楊梅區）金德路兩旁的居民，2005 年間有一些人出現頭痛、耳鳴、噁心、疲倦及失眠的症狀，剛開始時這些居民只是覺得很奇怪，以為自己身體不適或感冒，才會引起這些症狀，有的人一感到疲勞就想吐，後來鄰居互相閒聊，才發現很多人都有這些症狀，而且，類似的症狀都發生在這條路兩旁居民們的身上。

後來有一位婦女回娘家住了一個禮拜，期間發現自己的症狀完全消失，回到金德路的住家後，這些症狀又都回來了，陸續也有人發現，只要離開此地到其他地方，這種症狀就消失了，一旦回來後症狀很快就又復發了。

> **電磁波小百科**
>
> ## 電磁波能量越大，致癌風險越大
>
> 　　人體由含大量水分的細胞構成，有離子在細胞中流動，人體本身即為導體，極低頻電磁波有可能對我們的細胞膜產生作用，阻斷離子流動，甚至可能改變細胞對荷爾蒙及細胞神經傳導物質的反應，干擾染色體（DNA、RNA）的傳遞及複製，尤其電磁波能量越大，影響的程度就越顯著，因此，有致癌的風險。
>
> 　　2009 年瑞士巴塞爾大學的 F.Focke 等人採用單細胞凝膠電泳分析法研究電磁輻射對人體細胞的影響，發現間歇性發射 50Hz（赫茲）電磁波，磁場強度為 10G（10,000 毫高斯）時，人體細胞 DNA 斷鏈的機率顯著增加（維基百科：生物危害）。

　　之後經過在地居民群起追查，才發現原來台電在未告知當地居民的情況下，竟然在金德路路面底下埋設 12 條 161KV（千伏特）的高壓電纜線。經過測量，發現極低頻電磁波磁場強度竟然接近 700 毫高斯，當時楊梅鎮反超高壓地下電纜自救會彭會長經常在腰間掛著高斯計，以方便隨時測量極低頻電磁波的強度，才能確定知道環境中的極低頻電磁波是否安全。

　　台電近年來不斷推動高壓電纜線地下化，但經常沒有考慮到必須和民宅保持一定的距離，有些地下高壓電纜線太接近民宅，導致過強極低頻電磁波傷害的事件發生，可怕的是高

壓電塔電纜線可以清楚的看到，人們還會警覺、提防，設法
離高壓電纜線遠一點，但埋在地下的高壓電纜線卻看不見也
感覺不到，許多住在地下高壓電纜線附近的居民只能無助、
無知的接受照射，直到身體有些症狀發生，才會有所驚覺。

有致癌風險，尤其以兒童白血病最高

　各國都有研究結果顯示，電磁波可能誘發癌症發生的機率，
即便機率不高，人們仍然應該具備對電磁波可能風險的常識，
以保護自己免於在無知中意外受害，況且，有關非游離輻射
和癌症的關係，我們還沒有能力掌握其中的關聯和影響，這
些都還處於不確定的狀況，大家還是小心電磁輻射可能的風
險才是上策（維基百科）。

　許多國外的流行病學研究也提出，腦瘤、乳癌、異常生殖、
沮喪、失眠等病狀，被懷疑和過強的極低頻電磁波有關。

　目前世界各先進國家的科學家作過極低頻電磁波和癌症關
係的研究，以長期暴露在極低頻電磁波會增加「兒童白血病」
罹患機率的研究最多。

兒童白血病的致病原因追追追

　根據世界衛生組織（WHO）附屬的國際癌症研究署

（IARC）研究，長期暴露在 3~4 毫高斯以上的 15 歲以下青少年及兒童，出現兒童白血病的機率是一般青少年及兒童的 2 倍以上。

美國加州洛杉磯某機構的研究人員，曾經針對 0~14 歲的兒童進行調查研究，以全天 24 小時監測兒童處在各種不同強度電磁波的房間內生活，會有什麼樣的結果，後來發現，兒童房間電磁波強度平均若高於 2.68 毫高斯，得到兒童白血病的機率比一般兒童增加 48%（圖書館專業網站：《電磁波與癌症》）。

另外，研究人員對懷孕期的媽媽使用某些電器作研究，結果發現懷孕期的媽媽如果使用電毯或經常燙頭髮、使用吹風機，孩子出生後，罹患白血病的機率分別比一般兒童高出 7 倍、6 倍和 2.8 倍。除了懷孕期媽媽，研究人員也發現，成長期兒童經常玩電動遊樂器，其罹患白血病的機率比一般兒童高 60％。不只如此，根據義大利一項長期研究發現，許多使用電動工具者，以及工作上經常需要接觸電子產品的工程師，罹患白血病的機率也高於一般人（圖書館專業網站：《電磁波與癌症》）。

2001 年 I.C.Ahlbom 等學者研究電磁場和健康的關係，結果發現待在平均磁場強度大於 4 毫高斯環境中的兒童，罹患白血病的機率比其他兒童高出 1 倍，但他們同時也指出「這有可能是統計偏差，在沒有明確的理論機理或可再現的實驗證據支持下，學界很難對相關問題做出確切的解釋。」2005 年 G.Draper 等學者發現在高架輸電線附近 200 公尺距離內，

懷孕期婦女接受強電磁波會影響兒童白血病的發生機率

懷孕婦女使用過的電器	兒童患兒童白血病的機率
使用電毯	比一般兒童高 7 倍
經常燙頭髮	比一般兒童高 6 倍
經常使用吹風機	比一般兒童高 2.8 倍

資料來源：圖書館專業網站：《電磁波與癌症》

兒童成長期常玩電動遊樂器和兒童白血病的關係

兒童成長期	兒童患兒童白血病的機率
經常玩電動遊樂器	比一般兒童高 60％

資料來源：圖書館專業網站：《電磁波與癌症》

極低頻電磁波與成人血癌的研究

工作類別	電子工程師罹患白血病的機率	電鋸使用者罹患白血病的機率
比一般人高出機率	5 倍	3 倍

資料來源：圖書館專業網站：《電磁波與癌症》

電磁波小百科

老人失智與電磁波也有關

　　美國一家期刊於 2008 年發表的論文（Huss 等）指出，在瑞士追蹤 4,700,000 人的研究結果顯示，住在（220~380KV）高壓電線 50 公尺內的人得老人失智症（失智症）的風險，比居住在 600 公尺以外的人高很多，在 50 公尺內住 5 年以上風險高出 51％，住 10 年以上高出 78％，住 15 年以上則高出 100％。

兒童白血病發病率要比平均值高出 70％，而在 200~600 公尺距離內的發病率比平均水平高 23％。他們認為「這一相關性可能只是巧合或統計混淆」，尤其是在 200~600 公尺距離內的發病率數據，因為他們確知這一區域內磁場強度遠低於 4 毫高斯。英國布里斯托大學曾針對這些發病率的增長提出過一種可能的機理，即輸電線附近的電場會吸引和集聚氣溶膠污染物（維基百科：生物危害）。

根據 2004 年 9 月發表的一篇報告，在英國距離高壓電線 100 公尺以內的 15 歲以下成長的兒童，得到白血病的風險，要比其他兒童高出 1 倍（Medical News Today, September15, 2004）。同年 7 月日本發表的一篇醫學論文也指出，在日本一個城市距離高壓電線 300 公尺以內的兒童，得白血病的機率，是居住在沒有高壓電線地區兒童的 2.2 倍（Mizoue et al. ,2004）。

2007 年英國健康保護局發布的報告指出，英國 43％的家庭因為受到地上或地下 132KV 以上輸電線路的影響，而出現超過 4 毫高斯的磁場。

國內學者研究：高壓電線 100 公尺內兒童白血病罹患率風險高

1994 年及 1997 年林瑞雄與李中一教授研究汐止、土城及新莊等地高壓電線經過地區 100 公尺以內及以外 1~14 歲的嬰幼兒、兒童及青少年白血病罹患率進行研究分析，得出結論如下頁表（陳椒華，《對抗電磁輻射公害之路》：148）。

	住高壓電線 100 公尺以外	住高壓電線 100 公尺以內
罹患兒童白血病	低	較高

除此之外，張武修教授在陽明大學環境衛生研究所任教時，指導研究生葛維忠共同作調查，選擇當時台北縣汐止市（現為新北市汐止區）高壓電線兩側 70 公尺內 80 戶住家，測量 0~14 歲兒童臥房電磁場強度、和高壓電線間距離及罹患兒童白血病的比率，再以全台灣住在高壓電線 70 公尺以內，0~14 歲人口比率推估全台兒童白血病每年加的病例。

結論是 0~14 歲兒童白血病患者每年額外增加人數為 15 人。

極低頻電磁波，不會一刀斃命的隱形殺手

1970 年代後期，開始有人對置身於極低頻電磁波的環境中是否會影響健康提出疑問，也開始有極低頻電磁波和人體健康關係的學術研究。

面對現代生活充滿電磁輻射的環境，我們的醫學、科學對電磁波影響人體健康風險的研究，除了時間短、案例少及困難度高之外，它又不像 SARS、伊波拉病毒般立即產生危險，而是緩慢地、廣泛地對許多沒有警覺的人造成威脅，就像躲在暗處的文明殺手般，不會對你一刀斃命，卻會以無形無影的電磁之刀穿透、傷害人體細胞，挑戰大眾的健康。

世界各國的科學家對電磁波風險的研究，到目前為止對「安全值」並沒有一致性的共識，而且，每個人對電磁波各種強度的抵抗力不同，也無法預測長遠的影響及影響的部位，因此，面對充滿電磁波的環境，最好是「能避免就避免，不能避免再考慮安全標準。」

因此，陳椒華呼籲要把電線、變壓設施釋放的極低頻電磁波磁場強度2毫高斯這專業術語，變成大家耳熟能詳的語言，就是極低頻電磁波長期停留的安全值，才能使大眾降低風險。所以，陳椒華認為不應該住在 2 毫高斯以上的環境，如果要改善目前普遍存在的高電磁波環境，就要有行動策略，要去做更多影響，讓更多人願意去推動電磁波安全環境的工作。

電磁波是影響健康的一種症候群，而非單一症狀

台南大學教授鄭先祐在美國讀書時，曾蒐集很多電磁波影響的相關文獻，讀過後發現爭議很大，有些作出來有影響，有些沒有，一些研究者後來發現「視窗效應」（window effect）這個理論，當電磁場在某一個特定的頻率時，就會有一個特定的影響，一個是頻率，一個是強度，鄭教授的理論是在那個地方產生共振，電磁場和你身體內的化學因子產生共振，因為共振的影響就會造成干擾。另外，電磁場干擾也會因為人的差異而不同，有的人較強，有的人較弱，引發身體器官、部位反應及傷害因人而異，這就造成研究結果的變化很多。

電磁波的影響就是會造成干擾，干擾分子及韻律，會造成荷爾蒙不正常。因為是干擾性影響，產生出來的症狀就會很多樣，就好像一個症候群般，而不是單一一種症狀，因此，研究它造成的干擾也會有很大的困難，不容易作，但是，鄭教授覺得電磁波有可能帶來影響的科學證據已經很充分，只是有不確定性存在，所以，現在一般的共識是：面對電磁場的影響，能避免就要盡量避免，就像輻射線一樣，能避免就要避免，無法避免時才來考慮所謂的安全標準。就像 X 光，鄭教授建議能不照就不照，不要有事沒事就去照一下，這是不好的習慣。

射頻電磁波就像是致癌的定時炸彈

鈴聲響起，當我們一拿起手機接通後，耳邊立即傳來熟悉的聲音，當我們一打開網路，立即可以進入一個充滿文字與影像且無遠弗屆的世界，這是多麼美好的事情，在人類數十萬年來的歷史中，這也不過是近二十年來才擁有的幸福。

為了滿足大家對無線通訊的需求，許多基地台在我們住宅區的頂樓或附近的山坡上被架設起來；家中的無線電話主機也透過電話線和電流經由天線製造的射頻電磁波形成發射源；為了提供室內無線上網的方便需求，Wi-Fi 也隨著通到公司、家戶的電話線、有線電視線等，在許許多多的室內建立小型射頻電磁波發射源；為了滿足大眾的需求，業者在山頭上建

置廣播、電視轉播站；政府為了每天提供精準的氣象資訊，大型的氣象雷達站也在山頭或海岸邊矗立；為了保護國家安全，各種發射射頻電磁波的軍事雷達和通訊設施也在軍事據點被建構起來。

▌電磁波小百科

用手機時間越久，罹癌風險越高！

　　2011 年 5 月國際癌症研究署（IARC）依據使用無線手機重度使用者（10 年間每天平均使用手機時間超過 30 分鐘者）與增加罹患神經膠質瘤（一種惡性腦癌）之風險增加 40％，於是將射頻電磁場歸類為人類可能致癌因子的 2B 類。該結論表示這些射頻暴露會引發長期健康效應的可能性，特別是針對增加癌症之風險。因此議題與大眾健康有關，且行動電話使用人數日益增加，尤其在青少年與兒童族群之中。

（資料來源：環保署）

基地台讓人們陷入危機而不自知。

基地台蓋在民宅頂樓，並且以水塔包覆，從外觀上根本看不出來是基地台。

這些基地台、無線電話主機、Wi-Fi、廣播、電視發射站、各式雷達站，是使我們生活方便、快樂及資訊自由的重要設施，然而，這些射頻電磁波發射設施其實隱藏著無形的威脅，如果我們沒有小心防範，它就會像來自空中的溫柔殺手般，讓沒有警覺的人陷入看不見的危機而不自知。

高劑量射頻輻射會增加罹癌風險

根據《國際癌症預防雜誌》於 2004 年 4 月發表的研究顯示，人們若身處於 3、4000 μ w/m² （微瓦／平方公尺）的射頻電磁波環境中，癌症發生率將會增加 4 倍多（《國際癌症預防雜誌》：2004:1:123~128）；《職業環境醫學雜誌》、《電磁生物醫學雜誌》等學術期刊也指出，長期處於幾十至幾百 μ w/m² 的射頻電磁波，人就會產生電磁輻射不適應症（《職業環境醫學雜誌》：2006:63:307~313）。

大部分人的體內都有或多或少的致癌細胞在發展，這些細胞會破壞人體的免疫系統，當我們暴露在高電磁波的環境中幾分鐘以上，就會將 5% 的致癌因子提升至 95%，長期暴露者會有頭暈目眩、記憶力減退及耳鳴等症狀出現，嚴重的會破壞免疫系統，增加致癌機率。

射頻電磁波的致癌故事令人鼻酸

　　台灣人的手機使用於 2000 年代逐漸普及，因應手機使用數量的發展，基地台普遍在各地設置；而台灣地小人稠，有的雷達站選址也因此受到侷限，特別是那些設在民宅旁的雷達站，實在令人耽心其高劑量射頻電磁波的威脅。

真實案例❶ 住家對面基地台的威脅

　　張先生搬到羅斯福路某住宅，在該處住了七、八個月，期間他經常感到頭痛欲裂，聽力損害、頭部發生神經問題、眼部產生飛蚊症，還有嚴重的耳鳴及失眠的症狀，家裡的小孩也多次去醫院看神經科及內分泌科，因為發現小孩有生長停滯現象。後來才發現原來住家對面約 40 公尺樓頂有基地台，而住家和基地台中間，空曠且無任何阻隔，他想起曾聽聞太靠近基地台很危險，於是花錢請人來測量基地台的電磁波強度，一測之下才發現，家中的射頻電磁波強度竟高達 30,000~60,000 μW/m^2（微瓦 / 平方公尺）。他也問來測量的人平常住家內射頻電磁波的強度，測量者告訴他若室內無發射源，通常在 10 μW/m^2 以下，窗邊因沒有牆壁阻擋會較高。

　　張先生於是將所有面對基地台的門窗全部貼上鋁箔紙想阻擋電磁波，但效果有限，只有少數掛有鐵絲網的門窗，將電磁波降到 400~500 μW/m^2 之間，但張先生還是

非常不安，最後無可奈何，為了家人健康著想，只好搬家（王榮德，「電磁場健康風險與預警原則」社區溝通會議紀錄，台灣環保聯盟網站，2008.1.19）。

真實案例❷頂樓多座基地台的傷害

　　台北縣鼻頭是一個傳統的老漁村，炎熱的夏日傍晚，居民總喜歡在碼頭邊乘涼聊天，吹海風消暑。1999 年間，有基地台業者在台北縣瑞芳鎮（現為新北市瑞芳區）鼻頭里漁港旁的幾家商店頂樓設置基地台。在地居民並不知道從這時開始，已陷入高劑量射頻電磁波日夜照射的威脅，尤其對那些在基地台旁邊長時間活動的居民影響更大。

　　鼻頭港口邊的居民在基地台還沒有進來的 1991 年~1999 年間，並沒有人罹癌，基地台剛進來的 1999 年~2000 年間有 1 人罹癌過世，然而，從 2000 年~2007 年間，卻突然發現有 11 人罹癌過世，其中，葉家一家 6 口中，常待在港口邊的 60 幾歲阿公、40 幾歲兒子及 30 幾歲媳婦各罹患膀胱癌、淋巴癌及胃癌，而媳婦與兒子相繼於 2006 年及 2008 年過世。

　　除此之外，在頂樓設置基地台的商家們，也經常感到頭痛及晚上睡不著覺。

　　後來經過測量，發現這些基地台發射出的射頻電磁波高達幾萬至 $100,000 \mu W/m^2$，然而，為什麼會在幾年後才使人罹癌發病呢？因為，1 個突變的癌細胞長大到可被偵測到的約

1 公分大小腫瘤，約須分裂 30 次，如果分裂 1 次所需要的時間為 2 個月，那麼至少需 60 個月（5 年）才能被偵測到，從 1999 年~2006 年、2008 年都已超過癌細胞 5 年的潛伏期。

鼻頭附近的南雅里，人口與年齡結構和鼻頭相近，因未設置基地台，自 1990 年~2007 年罹癌及死亡的比例都遠遠低於鼻頭里。

2007 年台灣電磁輻射公害防治協會前理事長陳椒華（創會會長）與志工進行鼻頭基地台危害調查報告，同年 10 月底經媒體報導，迫使業者拆除 3 家商店 2、3 樓樓頂的多座基地台，使鼻頭的射頻電磁波劑量回復正常，居民們也終於可以安心了（陳椒華，2008，對抗電磁輻射公害之路）。

真實案例❸法國女子因電磁波敏感症受到補償

現年 39 歲，曾任電視台紀錄片製作人的里夏德小姐，宣稱因手機、路由器等電子產品而罹患電磁波過敏症，導致她無法工作，自稱全身有八成五功能受損，因而辭職到法國西南山區過活，成為環境難民，她也向法院申請補償，土魯斯法庭於 2015 年 7 月裁定她有理，未來三年她可獲得每月 800 歐元的傷殘補助金（2015.8.18 自由時報 A13）。

生活越方便，致癌風險越高

美國對使用無線電的軍人與癌症的研究

韓戰之後，美國學術單位曾對韓戰中使用無線電的退伍軍人進行長期追蹤研究，時間在 1950 年 ~1974 年之間，依使用無線電頻率的不同，分為高暴露、中暴露和低暴露 3 組，研究結果發現無線電電磁波暴露越高，各類死亡率也越高：

❶ 癌症死亡率：高暴露組 7.5/1,000 人；中暴露組 4.52/1,000 人；低暴露組 1/1,000 人。

❷ 淋巴腫瘤及白血病死亡率：高暴露組 2.7/1,000 人；中暴露組 1.2/1,000 人；低暴露組 1/1,000 人。

❸ 各種死因綜合：高暴露組 53/1,000 人；中暴露組 36/1,000 人；低暴露組 32/1,000 人（圖書館專業網站：《電磁波與癌症》）。

各國對射頻電磁波影響健康的研究

瑞士施瓦岑堡（Schwaizenburg）作過的流行病學調查發現，住在無線電短波發射台附近的居民，當射頻短波的輻射暴露值達到 0.4V/m 以上時，居民睡眠時受到干擾的次數就會增加（《電磁輻射公害防治手冊》：19）。

以色列醫學專家莎德茨姬 2008 年在《美國流行病學雜誌》發表的研究報告中提出，每天使用手機幾個小時的人，比不

用手機的人罹腮腺癌的比率高出 50％，在鄉下因手機距離基地台較遠，手機會發出較強的射頻電磁波使手機有效通話，因此，使用者因高劑量電磁波影響也較易得病（《電磁輻射公害防治手冊》：20）。

　《英國獨立報》報導，瑞典及美國大學的科學家們進行一項手機電磁波全面性的研究，結果發現手機電磁波可能會啟動腦壓系統，使要睡覺的人更警覺而難以入睡；而且，家中大人在夜晚使用手機，也會干擾旁邊睡眠的兒童及青少年，這種干擾會影響特別需要睡眠的兒童和青少年有淺眠或睡眠不足的狀況發生，也容易導致情緒不穩、個性改變等，會導致他們學習不佳及注意力不集中，甚至有過動或憂鬱等症狀出現。

基地台會影響受孕生育力

　西班牙於 2005 年的一項研究顯示，當白鸛的鳥巢築在基地台 200 公尺以內時，繁殖率僅有 0.86，為距離 300 公尺外的白鸛巢的一半左右，而且，白鸛在 200 公尺以內的鳥巢有40％沒有雛鳥，而 300 公尺以外的鳥巢僅 3.3％沒有雛鳥（《電磁輻射公害防治手冊》：21）。

　德國巴伐利亞地區也發現，靠近牧場的基地台設置會影響牛隻的泌乳量，導致泌乳量減少。因此，德國有上千位醫生連署，要求立法規範射頻電磁波，以維護大眾的健康、安全。

　美國電磁波權威 Dr. Robert Becker 的研究指出，暴露於電磁波過久者，男性精子會大量減少或弱化，久而久之無法傳

宗接代；女性則可能導致受精卵不易著床或容易流產，生出肢障兒和智障兒的比例隨之增高。另外，還可能引起白內障、失明、老年失智症、關節炎、高血壓、心臟病及腦中風等疾病。

手機可能造成腦瘤、白血病等重大疾病

　　美國行動電話通訊產業聯盟 1993 年開始進行歷時六年的使用手機對人體是否有害的研究計劃，結果顯示，長期使用手機可能造成腦瘤、白血病、DNA 個別股斷裂及損害細胞染色體與心律不整等等重大疾病。而其他研究報告指出，電磁波暴露高的人，白血病罹患率增加一倍，更有 DNA 個別股斷裂及損害細胞的染色體等等病症發生。

電磁波小百科

射頻電磁波的熱效應

　　射頻電磁波的電場，會導致接近的生物體因吸收電場能量而升溫，此即電磁波的熱效應。

　　人體被懷疑最容易受到射頻加熱的器官是眼睛和睪丸，因為散熱的血液流量較少，高能量的射頻可能影響精子的活性和數量，且可能導致暫時性不能生育。人體內的中樞神經、眼睛、生殖細胞、胚胎等，高劑量電磁波對這些細胞可能造成白內障、致癌及胎兒畸形等。也有研究顯示，手機、無線網路分享器等射頻電磁波，會降低褪黑激素對人體乳癌細胞的清理效應。

　　人們如果接觸高功率發射設施的天線或在附近停留，有可能會發生燒傷，因為射頻功率較高會對細胞中的水分子有加熱作用，一般測量的單位為吸收輻射率（SAR），為了避免射頻電磁波的加熱效應傷害人體，IEEE 和政府監管部門都要依照國際非游離輻射防護委員會（ICNIRP）的指導原則，針對不同頻率的射頻電磁波訂定不同的吸收輻射率標準。

　　吸收輻射率（Specific Absorption Rate，簡稱 SAR）是指在一定時間內通過生物組織的電磁波能量，為測量射頻電磁波對人體產生熱效應的測量值，單位為瓦 / 千克（W/kg），即每公斤人體質量吸收的瓦特數。我們的國家通訊傳播委員會（NCC）訂定手機 SAR 標準限值為 2.0 W/kg（瓦 / 千克）；美國聯邦通訊委員會（FCC）標準限值為 1.6 W/kg。而台灣市面販售的手機 SAR 值，約在 0.016~1.83 W/kg 之間。

　　手機 SAR 值會和操作功率及與人體間的距離而改變，各國手機的 SAR 值都是在最高功率操作時測得的 SAR 最高值。

各國 SAR 標準

國家或地區	SAR 限制值（W/kg）
台灣	2.0
日本	2.0
歐盟	2.0
澳大利亞	2.0
美國	1.6
加拿大	1.6
韓國	1.6

美國聯邦通訊委員會（FCC）表示，手機波源強度 0.6W，
使用時最好保持 10 公分的距離，且每天使用最好不要超過
10 分鐘。

重度手機使用者輕則頭昏、耳鳴，重則腦瘤罹患風險增

瑞典國立勞動生活研究所根據 1997 年~2003 年間，各醫
院患腦瘤的病患中，有約 10％為重度手機使用者（累計使用
手機 2,000 小時以上，約於 10 年間每天用手機 1 小時，及 20
歲以前就已使用手機者），再以年齡、背景相似的健康人為
對照組，研究使用手機與罹患腦瘤可能的關係後，發現手機
重度使用者罹患腦瘤風險確實會升高，頻繁使用手機超過 10
年，罹患惡性腦瘤的機率比一般人增加 3.7 倍；20 歲以前就
已使用手機者，罹患惡性腦瘤的機率為一般人的 3.1 倍。重
度手機使用者在習慣聽電話的那一邊頭部，整體平均發生惡
性腦瘤的機率增加 2.4 倍（《職業環境醫學雜誌》2007:64(9):626-632）。

根據多項研究顯示，手機若連續使用 1 小時，其電波會使
頭部的溫度升高 0.1~0.5℃，也就是頭部溫度會從人體正常的
37℃升到 37.1℃~37.5℃，大多數人可能都沒什麼感覺，少數
較敏感的人可能出現頭昏、耳鳴等狀況，就像發燒前的感覺
一樣。

電磁波造成染色體損害，加速細胞分裂

根據英國皇家科學院物理學博士侯邦為在《成大校刊》中
發表的「手機電磁波的研討及解決」一文中提到，對於使用

手機使頭部升溫至多 0.5℃，卻會影響惡性腦瘤、白血病、DNA 破壞及癌症等這件事，他經過多年研究並在國際電磁波研討會中提出看法：電磁波導致水分多的神經細胞內的離子化合物流動，因而影響腦部，同時造成細胞的染色體損害，改變特定基因活動及加速細胞分裂，對人體水分含量高的軟組織，如腦、胸、腰等的影響最為重大。（侯邦為博士「手機電磁波的研討及解決」，《成大校刊》）。

求償無門只能警覺自保

　　電磁波敏感者對射頻電磁波的感覺更強而快，有些患者被過量射頻電磁波照射時，甚至會因神經刺激反應而感到很不舒服，立即脫離該處才能恢復正常，有的患者則會有暈眩或頭痛等症狀。

　　大多數不是電磁波敏感者的人，受到稍強射頻電磁波照射幾乎都沒有感覺，但沒有感覺並不代表長時間受照射就沒有風險，若遭受很強射頻電磁波照射，則大部份的人也都會出現類似的症狀。

　　面對射頻電磁波這個令人難以防備的溫柔殺手，自我保護最好的方法，就是自己能夠測量環境中的射頻電磁波強度，只有自己掌握生活環境中的射頻電磁波強度，才會有所警覺，提防自己不要長期停留在過量射頻電磁波的範圍內，也可對

發射源做適當防護，使自己免於受到射頻電磁波這個溫柔殺手的日夜突襲。

長久以來，基地台和雷達站的設置，業者或政府機構（如氣象局）通常都很害怕在地居民事先知道而加以阻擾。等到建成以後，他們也不會通告周邊一定距離內屬於射頻電磁波影響高風險區的住戶，提醒他們必須警覺或小心防護高劑量電磁波的可能影響。

對受到射頻電磁波長期影響，導致身體不適或罹癌的民眾，如果想要求賠償，去醫院請求開立射頻電磁波影響健康、導致疾病的證明，就更不可能了，因為講求嚴謹證據的醫學研究，到目前為止都還難以確定射頻電磁波影響人體健康的相關性，因此，受害者經常求助無門，無法獲得加害者或國家的合理對待。

面對如此多射頻電磁波發射源散布的環境，人們經常不知不覺就會受到高劑量射頻電磁波的影響，等到受到傷害後又會發現，你根本找不到加害者或無法證明誰是加害者。

因此，面對射頻電磁波的潛在威脅，最好的方法是自力救濟，學習射頻電磁波的知識，了解其設施的種類、發射源和你長時間活動地點的射頻電磁波劑量強度，掌握這些資訊你才能有所警覺，和這些發射源保持適當的距離，降低射頻電磁波看不見的風險。而學習測量射頻電磁波強度是自我保護最好的方法。

第 2 章

拒絕「看不見的殺手」
肆虐美麗家園

（文／陳文雄）

唐吉訶德把轉動的風車當成對手挑戰，
被當成了傻子、瘋子，
我以退休教授的身分帶領社區民眾
對抗電磁波這個「看不見的殺手」，
似乎也被很多人當成了傻子。

回到生長的田尾享受退休生活，美夢卻被台電打亂

我在美國住了 40 年，從來沒有想過自己有一天要面對高壓電線的威脅，但就在退休回鄉定居的第一年，馬上就面臨這個龐大的威脅。

2007 年 4 月，我從美國俄亥俄州立大學退休，回到彰化田尾我出生成長的故鄉，並接受國立中正大學經濟系的邀請，成為特聘教授，為的是希望將終生所學，關於農業經濟、健康經濟及消費經濟的專長貢獻給台灣，而且也可以陪伴我高齡的兄姊，住在田尾公路花園附近，享受美好的退休田園生活。這原本是我美好的退休生涯規畫，但沒想到就在隔年 5月，這個美好就此變色。

2008 年 5 月的某個周末下午，我到村子的普渡公廟和鄰居聊天，小學同學陳朝吉告訴我，台電正準備興建一條通過村子的高壓電線，而村子裡有個鄰居已經把農地賣給台電了。

這個消息彷彿晴天霹靂，令我相當震驚，腦海中浮現家鄉農田矗立起高聳的電塔，一條條電纜線就像天羅地網撕裂天空的畫面，更讓人擔憂的是，除了天空會被無情撕裂外，甚至社區住民的健康也會受到相當大的影響。震驚之餘，更讓我不解的是，如此重大的公共工程，為什麼台電沒有事先跟村子裡的人說明，就規劃興建這條高壓電線呢？

在美國居住多年，就算街道上的房子有小小的改變，也會

有看板提前告示，並說明變動方案讓社區民眾了解，並舉辦公聽會邀請大眾參加，溝通彼此的想法。面對台電如此未經溝通即推動的「重大建設」，對於我這個剛回鄉的「新居民」而言，實在是難以理解。

後來，經由鄰居的說明，我才知道原來台電沒有事先說明，是擔心民眾會抗爭，才會如此的「不公開」。高壓輸配電線工程開始的第一步就是要買土地，而賣地的人並不會知道台電建造的用途與細節，只知道小小一塊農地就可以賣幾百萬元，是個不錯的交易。因此台電超高壓輸電線路的建設幾乎都是祕密完成，沿線附近的居民大都要等到接近動工時才曉得他們的家園即將出現超高壓電塔。

2008 年 5 月，我一得知台電要在村莊裡興建高壓電塔時，心裡雖然焦急卻也不知道怎麼辦才好？第一時間，我想到的就是民代。於事先請教當時的前立法委員魏明谷，他告訴我，想要改變，只有抗爭，請民意代表幫忙。魏明谷後來又當選立法委員非常熱心（現為彰化縣縣長），這七年來的抗爭，他始終都陪伴著我們，支持我們的抗爭。

抗爭第 1 步：組織自救會，為家園發聲

2008 年初夏，我們在普渡公廟第一次集會，魏明谷前立委向我們闡釋團結民眾爭取權益的力量。後來陸續開了幾次會以後，台電要建高壓電塔的事就不斷在村子裡傳開。原本，我想請村長來帶領抗爭行動，沒想到村長卻持相反意見，他

說：「假如不讓台電建高壓電線，我們怎麼有電可以用。」還說：「你不必反對了，來我這裡泡茶更好！」看樣子，得自己來了。 2008 年 11 月，自救會開始發起抗議超高壓電塔的連署行動，並在田尾、北斗、社頭及田中等鄉鎮發送連署

2008 年第一次在普渡公廟集會，魏明谷前立委向村民解說。

書，同年年底，已有 857 人簽署。

　2009 年 1 月 13 日，我們正式把這份連署書送交台電及彰化縣政府，藉此宣示在地民眾反對超高壓電線的決心。同年 3 月，趁著大甲媽遶境，自救會成員也準備拜供品，以「叫天天不應，叫地地不靈，只有向大甲媽陳情」的口號，採取進一步行動。這次的行動很具新聞性，經由媒體報導變成全國性新聞，讓我們的在地抗爭，成了全國關注的新聞事件。

　除了跟大甲媽陳情外，自救會接下來也採取一連串的陳情行動，像是去彰化縣議會陳情，跪求縣長卓伯源等，可惜並沒獲得進一步承諾，於是我們開始計畫北上，到立法院陳情，以表示反對超高壓電塔的決心。只是沒想到，儘管上了立法院開協調會，但是立法院決議文卻沒有約束力，導致陳情行動再度被打回起點。

2008 年我請民代支持，開始帶領農民反對在人口密集的故鄉蓋高壓電塔。

　　既然停建的希望渺茫，那有沒有可能有其他的替代方案呢？自救會的成員透過討論、找資料的方式，用盡心力構想、分析各種「替代方案」的可行性，在短短的二星期內就完成將近 15 頁的「訴求及具體方案」。

　　我們提出的替代方案避開了現有路線對農民的可能危害，同時也將替代方案向監察院陳情，監察院也將我們的訴求與方案轉送給台電。我本來希望，這樣的作法能夠解決目前的僵局，可惜並沒有得到台電具體回應。

抗爭第 2 步：集眾人力量，阻台電動工

　　由於台電從 2005 年開始便陸續在北斗鎮、田尾鄉等處購置興建超高壓輸電線路所需的農地，購買價格從 4、500 萬到 1000 多萬元不等。2009 年 4 月，當承包商開始在各地方放置施工機具時，我們知道台電要動工了。

　　這時，自救會決定的下一步行動就是在工地抗爭。這是一個耐力戰，於是我們把舊豬舍清理成自救會總部。當天，共有數十人來幫忙，大家士氣高昂，喊著「要抗爭到底」，我深深被農民「捍衛家園」的熱情感動，他們雖然年紀已經都一大把了，但這份堅決與行動力，一點都不輸給年輕人。

　　依據立法院請台電停止施工的主決議文，於 4 月 15 日第一次採取抗爭行動。行動地點是編號 40 號的電塔。原本雙方已經協調好不施工了，沒想到下午台電又偷偷施工，於是村民群起抗議，經過三天的僵持，終於迫使台電包商簽下不施工

切結書，結束第一次的工地抗爭行動。

幾天後，我們又接到台電要在第 54 號電塔動工的消息。我們理智上都明白，蓋電塔的土地是台電所有，台電在自己的土地上興建電塔並不違法，如果進到工地，反而是我們侵犯了台電的權利，因此自救會只能在工地外抗爭。為了阻擾工程進行，自救會想盡辦法阻擋工程車的出入，像是防汛道路上做水泥路障，還有像是利用農田旁的抽水機，在台電施工土地上灌水，想辦法拖延包商時間等作法。可惜的是，台電報警後，不到兩天，警方就將水泥路障拆除了。自救會的一波波阻擾行動，最後仍徒勞無功！接下來，台電就要拉線了。我們的時機與機會越來越渺茫。

抗爭第 3 步：喚起公安意識，擴大民眾參與

當台電在北斗、田尾的電塔全部建成後，超高壓電線沿線的居民已陸續接到通知書，被告知台電即將進行拉線作業，依據電業法 51 條規定，台電必須取得彰化縣政府的施工許可才能拉線。

為了阻止台電的拉線作業，我和自救會成員們左思右想，於是一面寫下了異議書，正本送台電公司及經濟部，副本送彰化縣政府，另一面全力尋找台電拉線作業前準備施工中的所有瑕疵。

可能是老天幫忙，就在 2010 年夏天我到日本大阪大學擔任客座教授這段期間，田尾鄉正義村普渡公廟前方正義橋附近

2009 年自救會成員向大甲媽陳情。

電 磁 波 小 講 堂

自救會提出
「南投—彰林 345KV 超高壓輸電線路」替代方案

替代方案 ❶：妥善利用、強化及更新彰化縣現有變電所及輸配電線系統。

替代方案 ❷：改走地廣人稀的八卦山區、濁水溪沿岸，再連接彰林變電所。

替代方案 ❸：台電公司在溪州鄉現有線路與台塑麥寮汽電公司線路串接，不但能省去「中寮－南投」及「南投－彰林」兩段線路之營運、興建成本，更能降低電路傳輸過程中的電力損耗。

替代方案 ❹：建議國光石化比照麥寮汽電公司之設計，設立發電機組，供應彰林變電所（前總統馬英九於 2011 年宣布國光石化停建）。

2009 年向卓伯源前彰化縣長陳請。

2009 年翁金珠立委在立
法院召開協調會。

的第 48 號電塔旁，因地層下陷導致道路損壞。自救會的人推測，應是台電建電塔後擾動地下水土層，才會引起地層下陷。於是自救會成員請縣議員李俊諭協助，在彰化縣議會質詢期間，反映田尾鄉地層下陷情事，同時詢問台電事前是否做過地層調查。

後來在李俊諭議員的協助下，自救會總幹事陳義銀調查後發現，這條高壓電線的部份電塔直接蓋在活動斷層上。電塔建在斷層帶上是相當嚴重的公共安全問題。

歷年來台灣反對台電高壓電線的自救會很多，但通常都不能喚起大多數民眾的共鳴，除非是自己的房屋、田地在高壓電線附近，否則在大多數人們的意識中，高壓電線不是公共安全的問題。然而蓋在斷層帶上的話，又是另外一回事了。我們相信，這一次一定能爭取更多民眾的支持。

在確認第 16、17 號電塔距離彰化斷層帶只有 80 公尺及 30 公尺後，自救會於 2010 年 10 月 26 日召集成員乘遊覽車北上立法院召開記者會（翁金珠立委主持），聲明中提出：「台電公司『南投－彰林 345KV（千伏特）超高壓輸電線路』從第 7 至 18 號電塔設施建構在彰化斷層帶上，橫山斷崖、陡峭山脊、向源侵蝕山溝及土壤液化區，未來將造成無法預測的供電及地震災難，安全堪慮，因此，自救會要求台電拆除、遷移這些電塔。」自救會強調，這是個重大的公共安全問題，而這些問題都源於這條輸電線沒有作過「環境影響評估」。

　　雖然台電在記者會上承認第 16、17 號電塔確實位在彰化斷層帶上，但台電仍然強調，彰化斷層為南北向，而「南投－彰林 345KV 超高壓輸電線」為東西向，因此，這條超高壓電線一定會經過斷層帶。並強調，台電已知道斷層帶的問題，會對位在斷層帶的電塔加強防震係數到 6 級以上。

　　由於建築技術法規只限制斷層帶經過山坡地兩側不得開發建築，台電因而推說，這條路線的電塔從第 14 號至 78 號都在平地，因此，並未違反內政部的建築技術法規。

龐然高壓電塔怎可蓋在斷層帶上？！

　　依「台灣中區區域計畫」第三章土地分區使用管制計畫中：「為避免地震及活動斷層造成生命財產損失，活動斷層兩側 50 公尺範圍以內，應納入限制發展地區，作為永久性空間。」

　　雖然我們極力要求彰化縣政府基於公共安全，應強力要求台電拆除第 16、17 號位在斷層帶的電塔，但台電仍然堅持，沒有什麼法律可以阻止他們在斷層帶建電塔，因此，一切要求都免談。台電的強勢作風可見一斑。

　　對於電塔建在斷層帶旁影響公共安全這件事，自救會至今都無法釋懷。無論從立法委員、彰化縣政府、監察院等方面努力，用盡各種方法還是無法讓台電認清「公共安全」的重要性，這也使我們感到非常的憂心和無奈。

2009 年自救會將豬舍變總部。

自救會成員們在總部前宣誓抗爭到底。

2009 年自救會在工地外抗爭。

　　隨著時間的推移進展，我們一路抗爭，台電卻也未曾停工。到了 2011 年年底，「南投－彰林 345KV 超高壓輸電線」已經拉好，這時，自救會所能想到的延長抗爭戰線的方法，就是訴求這條線路不得商轉。因為這條線路原本的用途是要經過彰林變電所，供國光石化及中科四期使用。但國光石化在 2011 年已宣布停建，二林的中科園區開發速度緩慢，供水及汙水排放爭議都還沒有解決，並沒有用電的急迫性。

延長抗爭戰線，訴求不得商轉

　　2012 年自救會開始推動輸電線「不得商轉」的訴求，很快得到魏明谷及黃文玲兩位立法委員的支持。同年因油電雙漲，引爆全民憤怒，加上台電自身許多弊端一一被揭露，董事長被彈劾，國科會也要將中科四期轉型，改成用水用電較少的科技產業，自救會成員心裡又燃起新的希望，也許「訴求不得商轉」是另一條可行的路。

　　於是自救會和抗爭中科四期搶水的陣線聯合，形成「水電聯合」抗爭，再加入超高壓電線危害健康及電塔建在斷層帶等公共安全議題，於是，我們又一次在立法院經濟委員會召開公聽會。

　　公聽會中，自救會要求台電總經理這條線路不得商轉，同時指出台電的諸多弊端，包括在彰化鹿港的二家民營電廠（IPP）星能、星元賣電給台電，為什麼民營電廠賣的是 161KV 的電，台電又把它轉成 345KV 的電，再經過台中、南

投繞一個大圈，回到南彰化供應中科四期？人民無法接受這種浪費、不合理的營運方式。加上自救會在這幾年的訴訟過程中發現，台電違反電業法 53 條的規定，沒有選擇「對人民損害最小的原則」來規畫路線，違背憲法對人民生命權、財產權的保障，因此，我們要求台電不得商轉。

然而，這樣的訴求還是沒有獲得正面的回應，台電於 2013 年 9 月 19 日開始商轉。

自救會與台電的抗爭，猶如弱小的唐吉訶德對抗巨大的風車一樣，以失敗告終。不同的是，唐吉訶德是獨自一人，而自救會成員是「萬眾一心」。

一度取得假處分：判決前，台電不得施工

回想 2009 年 4 月在立法院開協調會時，律師陳麗雯就建議對台電提起刑事訴訟，控告台電董事長違反電業法第 51 條的規定，在他人房屋上或土地上設置線路，妨礙其原有之使用及安全，是為圖利中科四期的圖利罪。陳麗雯律師甚至幫我們寫了刑事告訴狀，且以刑事提告不必多花錢，是一個最好的方法，但當時我不相信司法，而且認為沒有什麼人能告贏台電，因而沒有提告。

一直到 2010 年 3 月時，台電準備拉線作業期間，傳來社頭鄉魏平穎告台電一審勝訴的消息。這件事讓自救會所有成員都很振奮，在工地抗爭之餘，也決定走司法路線對抗台電。我打電話聯絡魏平穎的弟弟魏平政律師，由他安排台北人文

2010 年，鄉民抗爭台電蓋鷹架要拉線，警察比民眾還多。

2010 年立法院記者會，
抗議電塔蓋在斷層帶
上。

2011 年自救會成員在台電拉線工地的抗爭。

律師事務所的張靜怡律師，在同年 4 月到自救會會長張豐進里長服務處舉辦說明會，說明告台電的民事訴訟包含兩個部分，一為本訴，因為超高壓電線會造成傷害，線下居民不同意台電在他們的土地上方拉線；一為聲請假處分，即民事訴訟法規定的一種保全程序。因為民事官司一審就要一、兩年，還可上訴到三審才能定讞，若在這個期間台電將電線拉好，就算自救會的成員官司打贏，也很難讓台電拆除電線。只要法官接受假處分，告訴人提出擔保金，在三審定讞前台電就不能拉線，以確保線下居民的安全。因此，假處分就是一種「侵害防止請求權」的概念，即損害還沒發生前的預防動作。

可惜的是，由自救會第一次的聲請假處分被駁回了，但就在自救會有了新事證，發現電塔建在斷層帶上後，魏平政律師建議我們可以再聲請第二次假處分。

第二次假處分一提出，承辦陳水河案的彰化地方法院法官邱月嬌，第二天就裁定聲請人以 55 萬元提供擔保，要求台電在判決前，不得架設高壓電纜線。這個不可思議的結果讓自救會的成員高興極了，雖然 55 萬擔保金是一個很大的數字，幾經考慮，自救會總幹事陳義銀還是決定繳錢一試。第二次聲請假處分成功，終於迫使台電拉線工程停頓。只不過，台電在收到假處分通知後，也立即向彰化地方法院提出抗告，轉呈高等法院。就這樣一來一往，經過幾次攻防後，自救會聲請的假處分被廢棄，再抗告也被駁回。雖然第二次假處分不算成功，不過也讓台電的拉線作業延緩了一年。

從刑訴打到民訴，自救會寫下抗爭歷史

為了不要讓農民多花訴訟費用，於是開始考慮對台電提刑事告訴。2010 年 5 月，8 名地主前往彰化地檢署按鈴，控告台電竊占不動產，觸犯刑事強制罪。可惜的是，這個刑事案件最後彰化地檢署以不起訴處分結案。雖然我心裡明白，要檢察官起訴台電，根本就是不可能的事，但看到「因台電公司是法人，沒有犯罪能力，無法構成竊占強制罪」的不起訴理由，還真令人無奈。

刑事訴訟這路行不通後，自救會成員決定對台電提出民事本訴。我們非常感謝張靜怡律師及魏平政律師，以非常少的收費，幫我們打民事一審的訴訟。民事本訴的訴訟在彰化地方法院開了很多次的準備庭，原本我們的攻防重點在電業法 51 條。因先前魏平穎案一審勝訴的理由是，法官認為台電沒有依照電業法在蓋電塔之前就通知地主，地主如有異議，台電可向彰化縣政府申請，並取得施工許可後，台電還必須要第二次通知地主。我們本來希望，我們的案件也能如此推論，然而，在審理我們的案件時，彰化地方法院去函經濟部，要求解釋電業法。經濟部回函彰化地院，說台電在拉線前通知地主就合乎電業法第 51 條的規定。經濟部是台電的主管機關，替台電解套，而法官也因此判定台電沒有違法，這樣的結果實在讓人難以接受。

在一審被駁回後，我們決定提出上訴，並邀請台大法律系

2012 年推動輸電線「不得商轉」的訴求，於行政院外召開記者會，並於立法院召開公聽會。

畢業的賈俊益律師為我們辯護。我們的案子在高等法院一共開了 4、5 次庭，賈律師為我們認真而辛苦的打官司，每次開庭我都坐在他的旁邊，在辯論庭上，我們提出了為何上訴的理由，但台電始終沒有說明這條路線是唯一選擇的理由。

　　經過 10 個月的審理，張豐一、我和陳義銀的案子分別在 2011 年 12 月、2012 年 1 月及 2 月判決。3 個案件全被駁回，

2012 年魏明谷立委（現為彰化縣長）在田尾召開「不得商轉」協調會。

2010 年，8 名地主前往彰化地檢署按鈴申告台電。

高院法官認為台電有必要將高壓電線經過我們的土地，而上訴人依法有容忍義務，以符合權利社會化及憲法第 23 條所揭櫫公益優先原則。法官也認為地主即使有土地價值的影響，可以去告台電要求賠償，但不能叫台電拆除電纜線；且這條線路為彰南地區民生及工業用電，具有公共利益的性質，地主們應該要容忍。

張豐一和我的案子，在 2012 年 1 月及 2 月相繼向最高法院提出上訴，賈律師為我們整理在二審判決時引用法律解釋不適當之處，作為上訴理由。三審審理不需開庭， 我們只能靜默的等待著。

上訴不久後，我的案子很快就被裁定駁回，張豐一案則在最高法院審理超過一年，但最終於 2013 年 2 月被裁判駁回。

自救會告台電的 3 個案子，從地方法院一直打到最高法院，雖然都輸了，不過卻創下台灣反對超高壓輸電線路爭取權益而勇敢挺身出來告台電的紀錄。這漫長的司法途徑，也寫下了受害人民爭取權益的一頁歷史。

抗爭插曲：台電不滿，控告老農民妨礙自由

2011 年 3 月 4 日台電派 3 部工程車到北斗鎮中寮里溪頂橋頭防汛道路第 52 號電塔施工，要將沿線 1 萬 KV 的電線裝置保護套，當地民眾得到消息後，立即通知縣議員李俊諭，並

要求台電拿下保護套。周明文牧師也趕到現場，還將鐵鍊捆綁在身上，並躺在施工車輛下方，直到晚上被警察抬走為止。隨後北斗分局分局長再出面協調，最後台電施工人員同意象徵性的拆下兩個保護套，才讓抗爭活動落幕。

　　這次的行動引起台電不滿，因此向彰化地檢署提出妨害自由的刑事告訴，由檢察官高如應偵訊，李議員和周牧師均否認有任何妨害自由的犯行，周牧師表示，當時雖帶鐵鍊至現場，但目的只是在彰顯人民的苦難，李議員也聲稱，是受民眾所託才至現場，僅以手機聯絡事情，並無阻擋任何工程車離開。經偵察後，2011 年 6 月 21 日高如應檢察官依刑事訴訟法第 252 條第 10 款予以不起訴處分。不起訴的理由為「被告周明文、李俊諭等民眾對台電『南投－彰林 345KV 超高壓輸電線』的安全有疑慮，周明文、李俊諭的目的既在於抗議，而受憲法上言論自由的保障，本即難認被告周明文、李俊諭兩人有任何強制之犯意，而被告周明文以身綁鐵鍊的方式躺臥於地，同樣為發表言論之形式，亦難認此即有強制之犯意。」

　　但台電法務室不服判決，於是向彰化地檢署聲請再議，由朱健福檢察官偵辦。結果不但推翻先前判決，還以 78 張相片寫成洋洋灑灑 12 頁起訴書，於 2012 年 1 月 9 日起訴李俊諭、周明文及其他 10 位民眾，其中 4 名被告都是 70、80 歲的老農民。

電磁波小講堂

被忽略的事實：高壓電線影響土地價值

很多人都以為，人民反對建造超高壓輸電線是因為擔心影響健康，當然這是原因之一，另外還有一個容易被大眾忽略的事實是土地價值的大幅損失。這讓原本就弱勢的人民，不但健康受到了威脅，生活也將面臨更大的難題。

打從一開始自救會告台電的初期，我就曾在法院提出興建高壓電塔對農民土地價格有很大的影響，為了提出證據，我除了不斷的蒐集各國文獻資料外，並在 2010 年以親身遭遇申請國科會的研究計畫，計畫名稱為「超高壓輸電線對農地價格影響的經濟分析：以南投－彰林線路為例」，這是我從事教學研究 40 幾年以來，首次做與自己利害有關的研究，也是台灣首次以嚴謹的計量模型研究超高壓輸電線對土地價格影響的計畫。

這份研究從 2011 年 1 月在彰化進行田園調查，總共取得 385 份樣本。最後依據計量分析結果，建立了農地與高壓電塔距離和價格的關係，用以估測沿線居民農地、土地價格損失程度。

經由這項研究發現，興建一條超高壓電線將會使兩旁土地價值總損失高達 171 億元。假設高壓線二旁 600 公尺內，10% 是公共道路及河川用地，估計的土地價值的損失也高達 154 億，這是興建這個建設的外在成本。

我們經濟學家在計算一個公共建設的總社會成本，通常包括內在成本及外在成本。台電花了 27 億元蓋這條超高壓線是內在成本。那麼為了興建一條超高壓電線，我們的社會就需要付出高達 181 億元的社會成本，而這還不包括超高壓電線運轉後對附近居民的

健康影響損失。興建一條超高壓電線付出這麼高的社會成本，真的值得嗎？這也是為什麼我們會不停的呼籲政府與台電重視此一議題的原因。

沿線土地價值損失之估計

離高壓電線之距離[1]（公尺）	高壓電線二旁之面積[2]（甲）	原本土地價值[3]（億元）	高壓電線通過後之估計值		
			前後價值之比例（後/前）	土地價值（億元）	損失估計（億元）
0~100	486	97.2	0.2972	28.88	68.32
100~200	486	97.2	0.5124	49.80	47.40
200~300	486	97.2	0.6888	66.95	30.25
300~400	486	97.2	0.8266	80.34	16.86
400~500	486	97.2	0.9258	89.98	7.22
500~600	486	97.2	0.9863	95.86	1.34
總和	2,920	583.2		411.81	171.39

資料來源：根據國科會研究計量分析結果整理。

註1：距離為鄰近超高壓輸電線與農地的距離。

註2：「南投─彰林 345KV 超高壓輸電線」之全線長度為 23.6 公里。二旁 600 公尺內的面積。

註3：依每分地 200 萬元計算。

所幸最後承辦此案的審判長陳義忠法官審理嚴謹，並多次傳喚證人，在歷經 1 年 10 個月漫長審理後，於 2013 年 12 月 31 日判決被告 12 人均無罪，判決書闡述沒有確切證據證明 12 個被告有妨害 3 個工程車駕駛員的自由。

可惜事情並沒有因此落幕。

陳義忠法官的判決引起全國媒體關注，就在媒體大幅報導後，原起訴檢察官朱健福於 2014 年 1 月 21 日再度向台中高等法院提起上訴。我認為台電可能希望藉由這個案子「殺雞儆猴」，嚇阻人民一而再、再而三的抗爭。為此，我向台灣環境法律人協會求助，希望可以避免手無寸鐵的農民，因維護權益而被判有罪。因此，協會推舉 12 位律師免費為我們辯護，包括：林志忠、邱顯智、曾威凱、柯劭臻、陳品安，謝英吉、賴盈志、李宣毅、康存孝、詹閎智、劉繼蔚、黃紫芝等律師，連同原本幫我們辯護的 2 位律師：魏平政、吳宜星，共同組成 14 人的律師團。

所幸，經過一年多的審理，台中高等法院於 2015 年 6 月 24 日判決：駁回上訴，維持一審無罪判決且不得上訴。幸好，高院合議庭 3 名法官還給了人民公道和正義。

寫在抗爭之後：關鍵在於全民對電磁波不了解

2008~2015 年的七年時間不算短，這段期間，自救會成員盡了最大的努力，從請求最基層的村長、鄉長、縣議員等協

助，甚至向縣長陳情，一直到中央政府，向立法院的立法委員、監察院、行政院，甚至到總統府陳情抗議，我們訴求雖然被看見、被聽見了，可惜的是，仍無法改變既定的命運。

其他的救濟途徑，我們也一試再試，不論是工地抗爭，法院訴訟，然而這些作法，頂多只能拖延台電施工的工期，始終無法讓台電放棄或使這條超高壓線路改道，這場小蝦米對抗大鯨魚的抗爭行動，最後只能無疾而終。

抗爭之後，我冷靜下來分析，我們失敗的原因在於時間。我們的抗爭是在台電將蓋電塔的土地全部都買好時，才開始。如果我們能在台電取得土地前就開始抗爭，一旦台電無法順利取得興建電塔的土地，那麼就沒有後續的興建問題，相信這場抗爭成功的機會就會大大增加。

另外，我認為這場抗爭還有一個隱性的原因，那就是人們對電磁波的不了解和不重視，因此，我們抗爭超高壓電線的行動，自始至終都沒能喚起大眾的共鳴及響應。苗栗大埔事件之所以很快的引發社會輿論撻伐，那是因為大埔阿嬤的受害是血淋淋的呈現在社會民眾的眼前，激發了全民的公義感。但是電磁波的危害則是看不見的，它對健康的影響是長期而非立即的，加上台電沒有強制徵收農民的土地，因此，有的人才會認為，台電要蓋高壓電線是為了供電的必要手段，村民應該「犧牲小我，完成國家重大建設」才對。

　　有鑑於大家對電磁波的不了解，還有它的傷害性，在抗爭之後，我認為最應該做也必須要做的事就是，告訴大眾，電磁波的危害到底有多大！我相信，只要大家對高壓電塔有所警覺後，台電在規畫超高壓線路時，才會尊重民意，並以對民眾為害最小的方案進行。

　　這也是為什麼我會在抗爭之後，選擇寫這本書，希望能喚起更多人的共識，支持我們繼續為美好的家園努力。

2014 年，由林志忠、魏平政、吳宜星、邱顯智、曾威凱、柯劭臻、陳品安，謝英吉、賴盈志、李宣毅、康存孝、詹閔智、劉繼蔚、黃紫芝等 14 位熱血律師組成的彰化台電案義務律師團，免費為農民辯護。

第 3 章

原來到處都有受害者挺身而出

如果你以為，只要小心使用電器，

就可以降低電磁波的傷害，

那麼你可能小看電磁波對現代人的威脅了。

有時候，這些威脅防不勝防，

它可能就以龐大的公共利益等正當性出現在你身旁。

這個時候，想要排除它，

你只能勇敢的站出來。

真實案例❶陳椒華：地下高壓電纜線讓我頭痛

　　從2006年開始，每到晚上我就頭痛，一開始不明白為什麼，後來我拿電磁波檢測器在住家附近量測，發現我只要頭痛，電磁波量測的數值都是高的，經查才發現，原來台電在附近埋下了地下高壓電纜線。我在學校和家裡都遇到高電磁波問題，為了要遠離電磁波的傷害，我移開了在學校原來的座位，但家裡不行。每次晚上回家就很痛苦，因為電磁波會產生壓力，我一進到高電磁波的環境，整個人就會浮躁不安，全身不舒服，雖然我的感覺很強烈，但我的鄰居都沒有感覺。後來才知道，原來那是因為我屬於電磁波敏感體質。

　　電磁波敏感者本身對電磁波的感受相當強烈，由於極低頻電磁波受「磁場」影響，對我而言，會造成像是中暑的感覺，感覺頭重重的；而射頻電磁波受「電波」的影響，但我的感覺又不大一樣了，同樣有痛的感覺，最快的反應是頭痛，有時是皮膚癢。

　　通常，只要磁場在2毫高斯（mG）以下的話，我的感覺就會比較正常，超過這個數值，我的身體就會有所感應。不過這種感受力的確因人而異，有些人在低劑量時就能感覺到，有些人卻要較高劑量才能感覺到。或許是因為我受過檢測訓練，才能對應檢測值和自己的感覺，也不見得我比其他敏感者較敏感。

　　記得有一次我和一群人在台中高鐵後車站，在那裡待個 3、5 分鐘後我就覺得怪怪的，果然一測量，發現磁場超過 10 毫高斯。如果是 3 毫高斯或 5 毫高斯的地方，我可能得待 10 分鐘以後才會感覺到，但如果身體很疲倦的時候，也可能感受不到，這和人當時的身心狀況和感受度有關係。

為了自己和家人的健康，決定起身抗爭

　　強電磁波對一般人或電磁波敏感者細胞的影響應該是一樣的，有些報告就提到，電磁波敏感者可能是對某些頻率比較有感覺，就好像有些人對味道很敏感一樣。但敏感者及非敏感者長期暴露在高強度的電磁波環境中，到底有什麼不同或相同，需要更多證據，但是敏感者就是會不舒服。

　　為了我的身體、為了讓電磁波對家人、鄰居的影響降到最低，於是我起身抗爭，想辦法降低住家電磁波，並研究國外電磁波的相關報告，看怎樣的標準才是安全的。我陸續召開記者會、公聽會，歷經一連串的抗爭後，我家巷子附近的電纜從 12 條降為 4 條，電磁波強度下降後，我的頭終於不再痛了。

　　為了讓更多人認識電磁波的風險，我於 2007 年成立台灣電磁輻射公害防治協會（Taiwan Electromagnetic Radiation Hazard Protection and Control Association, TEPCA），協助全台各地電磁波受害團體抗爭及相關資訊宣導。

真實案例 ❷ 方金枝：高壓電纜掛柱子，身體智商受影響

2009 年~2010年間，我住的大樓經電磁波檢測，發現磁場相當高，常有 1,000 多毫高斯，有一次，抗爭變電所改建的泰山自救會會長還曾在我這兒量到 2,000 毫高斯，就連環保署的人來量測時，發現有 7、800 毫高斯時也嚇了一跳。

原來，我們家的柱子裡有一條從對面電線杆拉過來的電線，我跟台電的人抗議，他說要回去反應，卻一直沒有下文，結果台電就把責任推給包商。為了解決居家電磁波太高的問題，我找立委幫忙，要求台電重新畫圖，但還是不了了之。後來，不論找台電高層、縣政府，甚至一直到經濟部，遲遲都沒下文，直到有一天，我被兒子的敲門聲吵醒，才發現原來 2 樓的電線走火了。

失火後，我更積極的向政府反應，經過多次的爭取，才終於成功的把電線拉到地下室，徹底解決家裡電磁波超高的問題。現在電纜線改拉到地下室後，電磁波降到 2 毫高斯左右。

雖然現在電磁波的問題似乎解決了，但長期受電磁波的影響，我們都付出了健康的代價。

丈夫變成電磁波敏感者，小孩智力受損

我們一家五口在這裡住了 20 年，我先生本來是個身體健康的人，但是住了15 年後，待在電磁波強的地方他會突然眩暈，

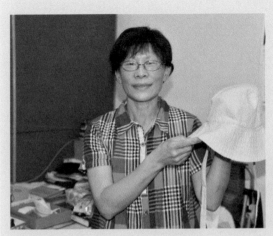

陳椒華老師在家裡都戴竹炭帽或防電磁波的帽子，到外面去也都要戴防電磁波的帽子。

方金枝（左）提供自身經歷，希望提醒讀者多注意自家住宅是否有高壓電線經過。

後來我才知道，他變成了電磁波敏感者，但他自己不知道，他一接近發出強電磁波的電器，馬上就會眩暈。

我們使用中華電信的網硌，有使用 MOD，還有免費 Wi-Fi（屬於射頻電磁波）。當天裝好後，我先生晚上就眩暈了，隔天我請他們拆掉 Wi-Fi 後，立刻就沒事了。之前我先生出現眩暈問題後，一直看醫生，那時還沒有想到是電線問題，但他已經變成電磁波敏感者了，在電視下或太靠近電磁波強的地方，就會眩暈。

除了我先生身體受害外，電磁波對孩子的影響也很大。我們剛搬進來時，小孩還很小，智力都很正常，常待在房間角落玩。長期接觸強度過高的電磁波後，孩子們的記憶力與智商就一直往下掉。我們當時不明白為什麼會這樣，後來才發現真正的兇手就是電磁波。

高壓電線造成的強電磁波讓我們無法提防而長年受害，我希望我的經歷能夠提醒各位讀者，多注意自家住宅是否有高壓電線經過，這是難以提防且會長期影響智能和健康的大問題。

真實案例❸顏秀蘭：接近高壓電纜，癌症找上門

我本來不知道不舒服和高壓電纜線有關係，後來在環保聯盟認識陳椒華老師後，才知道有人會對電磁波過敏。一開始，我在晚上睡覺時會聽到「嗡嗡嗡嗡……」的聲音，而且會頭

痛，耳朵還會發熱，經常晚上 2、3 點就會醒過來，然後就睡不著了。另外，我到奇美醫院檢查，發現心臟跳動過快，一到晚上就會因心臟跳動過快而驚醒，有一陣子，甚至走路都會喘。

為什麼身體會變成這樣呢？我找了很久，才發現和從屋頂經過的高壓電纜線有關係！

我住在台中霧峰甲寅里，我們里原來就有一個 69KV（千伏特）立架式的小變電所，1999 年 921 大地震之後，2003 年增建了 2 棟超高壓變電所，電壓增為 161KV 和 345KV。

2008 年，我因為舌骨囊腫而住院。此外，還被檢查出有甲狀腺腫瘤。因為電磁波的關係，身體變得不好。不僅是我，我們這個里很多人都生病了，大家不是心臟無力就是被檢出得到癌症，我們的人生其實不該是這樣的。

為了身體健康，我一開始先是不停的寫陳情函給台中縣政府及監察院，可是沒有結論。後來組自救會，號召 300 多人參與抗爭，結果還被台電控告妨礙公務，並威脅說如果工程進度落後，就要我負責賠償，最後被強制拖走。一次又一次的抗爭結果是不停的被批評與攻擊，這條路太苦了，走得很辛苦，最後我只好放棄抗爭一途。改變不了與高壓電纜線為鄰的現實，換句話說，我得隨時提防電磁波的傷害。

附近居民的死因大都是癌症

　　電磁波最可怕的就是，不論何時何地，只要高壓電纜線夠接近，隨時都會向你強烈照射，而被電磁波傷害的人卻渾然不覺。當我們抗議高壓電線會致癌時，台電卻反駁，罹癌和電磁波不一定有關。但有一個不爭的事實我必須說，那就是，我們附近的人的死因都是癌症，有乳癌、膀胱癌等。根據研究，電磁波會使人的 T 細胞減弱，一旦癌細胞惡化，存活期往往不到半年。

　　令人擔憂的是，除了高壓電塔外，我們附近的學校都設有寬頻網路基地台，這些基地台所射出的射頻電磁波對我們的身體影響也相當大。換句話說，我的生活同時被極低頻電磁波和射頻電磁波所干擾，為了降低電磁波的傷害，我不得不採取自保的手段。

　　由於電磁波的干擾，我每天都得面對劇烈頭痛的問題，還好有陳椒華老師的協助，提供了許多方法給我。剛開始受電磁波干擾時，我睡覺都要用鋁箱套在頭上，鋁箱的材料就是塑鋁板，為了隔絕電磁波，我的房子都用塑鋁板包覆，窗簾也一定使用可阻擋電磁波材質的布。另外，不論在室內還是室外，我都得時時戴上竹碳帽或是可防電磁波的帽子，以免受到射頻電磁波的傷害。愛自己不能靠政府，雖然這些設備都需要不少錢，但是政府不做的話，我們只能自己來。

高壓電纜線的受害者顏秀蘭女士。

顏秀蘭家旁的高壓電塔讓她頭痛劇烈。

真實案例 ❹ 張月桃：變電所重建，卻毀了我甜蜜的家

　　泰山變電所原本是露天的棚子，但台電從 2003 年開始將變電所拆除，改成 161KV 的高壓電線變電所，並於 2013 年完工。台電的施工，全程沒有說明會也沒有公聽會，更沒有告知周邊居民，等我們發現有工程施工時，去問，得到的回覆是要蓋辦公大樓，後來又說是要蓋員工宿舍，我們一直等到建築物蓋起來後，才知道是變電所。變電所內有 3 台變壓器，161KV 的電來了以後，經過變壓器降為 69KV 的電再送出去供大眾使用，這裡屬於一次變電，電線桿上的線都是 69KV 的。

　　為了不讓變電所蓋在家園附近，我們從 2005 年就開始抗爭，只要台電一開始施工，我們就去抗爭阻擋，但其實沒有效。後來，不論是找公所、市政府、議員、還是立委，甚至連環保署、監察院和總統府都去了，也召開了記者會，可惜到最後，變電所還是建起來了。

　　變電所興建期間，我們的房子因為工程而傾斜了，原本台電承諾說等頂樓板蓋好後會幫我們處理，可是等他們蓋好時，我們再去陳情，台電卻又說無法受理，因為時效已經過了。後來我們才知道，原來工程局依循的建管法第 11 條中，說蓋到頂板樓我們再去陳情說房屋因為你們的建築而壞了，他們就不受理了，因為過期了。

變電所分 4、5 次建，主體約在 2005 年建好，前面的涵洞、地下涵管都還沒有建，因為不像一般的辦公大樓，所以，我們知道後就起來抗爭。

他們在釘鋼板樁時，震動得很厲害，兩條街的居民都跑來看，我們就叫代表和村長來，但村長也沒有辦法。後來，他們只要一施工，我們就會去跟他們說，「我的的房子又裂開了！」就這樣，台電一邊施工，我們一邊阻擋，為了自己的家園，最後只好控告台電。可惜的是，因證據不足，我們敗訴了。如今變電所蓋起來，這個嫌惡設施就像是討人厭的怪獸，趕也趕不走，想搬家房子也賣不到好價錢。這樣的我們又該找誰賠償損失呢？

真實案例 ❺ 洪嘉模：對抗氣象雷達站，自己健康自己救

我住的村子在著名的觀光景點七股鹽山附近，原本是一個安靜、純樸的小漁村，居民多以養蚵為業，也曾經富庶，但自從 2000 年 12 月氣象雷達站進駐運轉後，鹽埕村民的健康逐漸受到嚴重的影響，生活也開始變調。

這顆都卜勒氣象雷達原本設在高雄市壽山公園，因為附近大崗山有訓練飛行員的空軍飛行學校，軍機起降時，氣象站的雷達會干擾飛機和塔台間傳遞的訊號，為了飛行安全，於是軍方要求氣象站遷移，沒想到最後偏遠又弱勢的鹽埕村就成了氣象站的落腳地。

重建的變電所，毀了張月桃甜
蜜的家。

重建後的泰山變電所（右），僅與張月桃家一街之隔。

氣象局也知道，雷達站是大眾嫌惡的公共設施，因此也打算不事先溝通就進行。1998 年~2000 年間整地時，氣象局說是要建宿舍供氣象局的人員住，一直到雷達裝好以後，居民才知道事態嚴重了。

雷達站每天 24 小時運轉，雷達 1 分鐘轉 3 圈，轉 1 圈 20 秒，一年 365 天，每天 24 小時都不斷向外發射射頻電磁波，越靠近，射頻強度就越強，因此氣象雷達站附屬的房舍建築，據說有特別加入鉛和鋼，可阻擋射頻電磁波。

自救會總幹事李勝良說，依他在馬祖當兵的經驗，雷達下方裝設綿密的鐵絲網，就是為了防護射頻電磁波的影響，且軍用雷達旁邊的駐軍，每 3 個月就要檢查一次身體，確認身體是否出現問題，如果有問題的話，就會立刻就醫。

從高雄市壽山公園遷移至七股鹽埕村的電達站。

　　果然，氣象雷達站開始運轉後，漸漸有人在半夜裡無法安眠，失眠是第一個出現的危險訊號。我的阿伯是漁民，在距離雷達站 200 公尺的魚塭處工作，若工作時間較久，就會不舒服。這些現象都是雷達站建造前未曾有的。

居民開始失眠、睡不好，免疫力越來越差

　　隨著時間漸長，我們村的村民從失眠、睡不好到身體的抵抗力逐漸變弱，免疫力也越來越差，但這還不是最糟糕的。

　　雷達站設立 4、5 年後（2004 年~2005 年間），鹽埕村有幾個30幾歲的村民先後罹患癌症。那兩、三年大腸癌比較多，除此之外還有淋巴癌、肝癌、喉癌、食道癌、膀胱癌、腎臟癌等。自救會的總幹事李勝良為了了解村民的健康情況，曾去戶政事務所查過，結果發現七股共有 23 個村，我們鹽埕村的死亡率竟排名第一。在雷達站未遷建到這裡時，死亡率約在第六、第七名，雷達站遷進來兩、三年後，死亡率就躍升到第一名。這要我們如何相信，雷達站和村民的健康沒有關係呢！

　　為了進一步了解雷達站設立對健康的危害程度，台大醫院許立民醫師（現為台北市政府社會局局長）曾替鹽埕村裡的罹癌人口和雷達站的距離作比對，結果發現，住家離雷達站 500 公尺以內的人，癌症發生率最嚴重。雖然醫生都不敢開罹病和雷達射頻有關係的證明，但住在離雷達站越近的居民，罹癌的情況越嚴重卻也是不爭的事實啊！

面對看不見的殺手，千萬不能大意

除了癌症的威脅外，雷達站的設立對當地的兒童智力發展也造成相當大的影響。村裡最接近氣象雷達站的一戶民宅，家中有 3 個小孩，雷達站設立後，他們的智力大幅衰退，學習成效也不佳，成了父母心中說不出的苦。

為了下一代、也為了身體健康，自從建了雷達站後，村裡有能力的人，能搬遷出去的幾乎都已經搬出去住了，原本 500 多人的村子，現在就只剩下 100 人左右了。

儘管我們用了許多方式陳情抗爭，但始終沒有結果。為了平息眾怒，氣象局原本計畫在村裡興建公園來回饋地方，但我們不接受，因為我們知道，一旦答應了，氣象雷達站就再也不會遷走了。還好，有村民們不屈不饒的抗爭精神，在經過長年的抗爭後，加上立委的協助，立院終於在 2011 年三讀通過，要求氣象局遷走七股氣象雷達站。雖然遷建計畫來得晚，但對村子的未來來說，畢竟是一個好的結局。

分享這次的抗爭經驗，除了要感謝村民和協助我們抗爭、控訴及陳情的民代外，我也希望能藉此機會，為遭受同樣或類似情形的居民們打氣，為了自己的健康、為了下一代和美好的未來，對於電磁波，這看不見的「殺手」，千萬不要容忍與大意，否則賠上的將是大家的明天。

自救會總幹事李勝良（右）和會長洪嘉模（左）不屈不饒的抗爭，終於成功讓
氣象局遷走雷達站。

我們前往七股訪談當地居民。

第 **4** 章

維護全民健康，
至少要這樣做

抗爭是人民的非常手段，
除了藉由本書分享我們抗爭電磁波的心路歷程外，
我也希望能藉此機會，傳達我們的信念，
希望民眾可以和我們一起來要求政府，
在進行電力設施等重大建設時，應依預警原則，
盡可能避開民眾或做好防護設施，並與周邊民眾進行風險溝通，
讓他們了解實際狀況，才知道如何避開危險區或加以防護。
這是政府與台電應負的責任。

訴求 ❶ 預警原則
任何可能危害公益健康的設施，都應該主動避開民眾

　　所謂的預警原則指的是新科技若對環境產生嚴重或不可逆轉的損害，缺乏完整科學依據，不應當作為推卸成本效果評估的理由，以防止環境退化。

　　以電磁波來說，指的是高壓電纜線、變電所及基地台等電力、電信設施可能對人體健康造成危害時，雖在科學上可能證明，但到目前為止仍無法確定時，電力公司、電信業者及住在附近的居民都應該採取行動，以減少電磁波傷害的發生。

　　雖然聯合國已於 2005 年明確定義預警原則，但主管台灣輸配電業務的台電公司，面對分散在各地的地上、地下高壓電纜及變電所等設施，並沒有以預警原則的內涵使這些設施盡可能避開民眾，或作好防護設施，以減少電磁波傷害。我們主張政府相關單位應依聯合國定義標準，建立電力、電信設備預警規範。

訴求 ❷ 風險溝通
任何可能危害公益健康的設施，都應與民眾交換風險資訊

　　儘管世界衛生組織（WHO）已於 2007 年提出極低頻電磁波風險溝通的指導原則，可是國營事業台電公司仍然無視於保護人民健康的世界潮流，並沒有將電力設施的相關資訊透明公開，更沒有和電力設施附近居民進行風險溝通，仍然使用傳統的方法，選擇性的和地方政府、民意代表或相關利益者溝通，且習慣用金錢買通這些有發言權、決策權的人，忽視直接受害的民眾。這種看似最方便的處理方法，其實是壓迫眾多弱勢人民最粗暴、最不道德的方法，也不符合民主國家的精神。

　　我們主張政府或企業建置影響人民生活及環境的相關設施（如核電廠、變電所、基地台、風力發電設施、汙水處理場……）時，必須和受影響的民眾進行風險溝通。政府或企業必須將相關設施建置資訊透明公開，和民眾相互交換風險資訊，雙方面就各種利害得失提出方案，再由各方案中選擇對雙方損害最小的方案實施。以電力設施為例，即台電公司要建高壓電纜線或變電所時，應先和附近居民進行溝通高壓電纜線的路線、變電所的選址或加強防護設施等方案，再從各方案中選擇對雙方損害最小的方案實施。

電磁波小講堂

預警原則規範

預警原則在 1992 年里約熱內盧舉行的地球高峰會議（聯合國環境與發展會議）中，被視為保護環境的原理，指新科技若對環境產生嚴重或不可逆轉的損害，缺乏完整科學依據，不應當作是推卸成本效果評估的理由，以防止環境退化。

2005 年聯合國教科文組織（UNESCO）及世界科技倫理委員會用預警原則，作為規範新科技應用在社會大眾時的倫理基準，其定義為「人類活動可能導致道德上不可接受的危害，在科學上可能的，但不確定時，我們應採取行動避免或減少危害的發生。」

任何可能會危害公益健康的設施，都應該主動避開民眾。

電磁波小講堂

極低頻電磁場指導方針

根據世界衛生組織（WHO）於 2007 年 6 月發表的第 322 號文件指導方針：

政府與產業應監測科學進展並鼓勵相關研究，以降低極低頻電磁場暴露造成健康的疑慮與不確定性。根據極低頻電磁場風險評估，可以了解現有的知識差距，研擬新的研究議題。

鼓勵會員國邀集利益相關者建立有效且開放的溝通方案，並確保在資訊公開的情況下進行決策，包括設置極低頻電磁場的相關發射設施前，改善與產業、地方政府及民眾的協調、溝通和商議。

在修建新設施，或設計新儀器時（包括電器用品），應嘗試發展降低暴露的方法。降低暴露的方法因國情而異，目前不建議採行不合理低暴露標準的政策。

政府或企業建置任何可能危害公益健康的設施，都應與民眾進行風險溝通。

訴求 ❸ 全面禁漏
任何可能危害公益健康的事件，都應該由業者負責舉證

　　台南大學生態科學與技術學系鄭先祐教授，近年來不斷在推廣「禁漏原則」的概念。

　　簡單來說，「禁漏原則」就是不能有任何「萬一」發生。這個概念在十幾年前已逐漸成為先進國家對公害和環境保護事件處理的一個共識，而台灣在疫情的防治上，像是面對口蹄疫、禽流感、SARS 或伊波拉病毒時，衛生福利部也秉持同樣禁漏原則處理。例如為了控制禽流感疫情，只要一個養雞場有一隻雞被查到感染禽流感時，整個養雞場的雞就要全部殺掉。

　　但是在面對電磁波危害上，卻不能運用同樣原則，舉證成了官司成敗的關鍵！

　　公害事件浮出來的往往只是冰山一角，像餿水油、飼料油事件，業者都會隱藏得很好，能抓到一點點問題就很不容易了。如果能夠使用「禁漏原則」，只要人民找到一點證據，就可以要求業者證明，一旦業者無法說明，那麼就可以對不肖業者定罪。

　　又例如我們和台電談電磁場有風險，只要提出證據說確定有可能，但不用到「一定有可能」，舉證責任就變成台電的責任，台電就必須舉出沒有傷害的證明，如果台電無法舉出

沒有傷害的證明，那他在官司上就會輸。這是維護公共安全中的一個很重要的原則，也就是要將舉證原則換到對方。

因此，禁漏原則是保護公共利益、公眾健康的一個很重要的原則，我們主張在公害或關於公眾健康的事件能請法官同意採用「禁漏原則」（鄭先祐教授訪談）。

訴求❹ 推動立法
訂定電磁波防治法，規範電力、電信及基地台業者保障民眾權益

台灣電磁輻射公害防治協會前理事長陳椒華（創會會長）曾仿照瑞士和義大利的法規，草擬了電磁波防治法，並訂定敏感區。環保署也曾想規定出敏感區，但陳椒華和台電的標準不同，最後就不了了之。

想推動電磁波相關法案，輿論的壓力很重要，而要持續營造輿論壓力，除了集結民眾的力量外，更需要醫界、環保界等不同領域人才的專業能力和民意代表協助，才能達成（陳椒華前理事長訪談）。

我們主張政府應該經由立法程序，設定環境測量規範，要求台電和基地台業者測量「設施附近相關電磁波劑量」，且公告給周遭民眾知道，並將監測結果通報給政府相關單位，讓人民確切了解這些設施對身心健康及家園的可能風險。

台南大學鄭先祐教授（右），近年來不斷推廣「禁漏原則」。

台灣電磁輻射公害防治協會創會會長陳椒華（左），為保障民眾權益，曾草擬電磁波防治法。

第 **5** 章

正確檢測與防範，
請一定要學會

所謂「不怕一萬，只怕萬一」，

面對環境中無所不在的電磁波籠罩陰影，

最好的方法還是要先自求多福，

最好自己有能力測量環境中的電磁波強度，

對過強電磁波環境加以改善或自我防護，

才是最保險的方法。

測量極低頻電磁波是確保安全的最好方法

極低頻電磁波的測量和舉例

面對來自四面八方的極低頻電磁波，我們要如何面對這個問題，才能使自己避免無所不在的電磁波威脅，確保自身的安全呢？

唯一的方法就是掌握自己長時間停留（4個小時以上）地方的電磁波強度，同時將危險區圈出來，設法改善在2毫高斯以下，或遠離此區。要知道自己生活環境中的電磁波強度，只有透過測量才能有效得知電磁波強度。

認識測量工具：高斯計

高斯計有單軸和三軸兩類，單軸（價格在2,000元以內）只能測量儀器朝前方的磁場強度，三軸（價格約1萬多元）可測量如同座標上的X、Y、Z軸三個方向的磁場總合強度。通常極低頻磁場會在X、Y、Z三軸中的一個方向出現較高磁場，因此，通常用單軸高斯計在一個點量3個方向，即可大致掌握該點極低頻磁場強度。

單軸高斯計若測量X、Y、Z軸三個方向的磁場值，也可換算成三軸高斯計的測量值：即 $\sqrt{X^2 + Y^2 + Z^2}$ ＝三軸高斯計的測量值

舉例：單軸高斯計測量

　　X 軸方向：8 毫高斯

　　Y 軸方向：4 毫高斯

　　Z 軸方向：1 毫高斯

　　則 $\sqrt{8\times8 + 4\times4 + 1\times1} = \sqrt{81} = 9$

　　三軸高斯計測量值＝ 9

磁場強度測量的單位

　　極低頻電磁波的測量，通常使用高斯計測量磁場強度，測量頻率範圍單軸 30~300Hz（赫茲）；三軸 30~2000Hz。我們日常用電頻率為 60Hz。國際上對磁場的單位一般有 MKS 制及 CGS 制兩種：

MKS 制磁感應強度的單位：T 特斯拉（Tesla）

CGS 制中，磁感應強度的單位：G 高斯（Gauss）

1T（特斯拉） ＝ 10,000G（高斯）

$1\,\mu$T（微特斯拉）＝ 10mG（毫高斯）

使用方法舉例

　　第 120~121 頁是以泰仕 TES1390 單軸高斯計及泰仕 1393 三軸高斯計為例，讀者可參考操作步驟與功能說明。

測量方法

　　高斯計測量的是電線或變壓器中變動的電流產生的磁場，依右手定則，磁場和電流變動的方向垂直。

以泰仕 TES1390 單軸高斯計為例：

❶ 輕按電源按鍵
開啟電源。

❷ 再按Range。

❸ 選擇量測單位
Gauss 或 Tesla。

功能說明：

· Range 　可調整測量強度的範圍，即選擇小數點的位置。小
　　　　　數點往後移，可使測量範圍 20、200 增至 2,000 毫
　　　　　高斯以內。

· Gauss 　即 mG（毫高斯）。

· Tesla 　即 μT（微特斯拉）。1 μT（微特斯拉）= 10毫高斯。

以泰仕 TES1393 三軸高斯計為例：

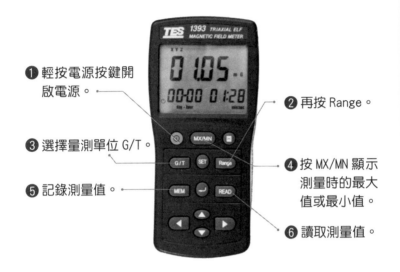

❶ 輕按電源按鍵開啟電源。

❷ 再按 Range。

❸ 選擇量測單位 G/T。

❹ 按 MX/MN 顯示測量時的最大值或最小值。

❺ 記錄測量值。

❻ 讀取測量值。

功能說明：

- Range　可調整測量強度的範圍，即選擇小數點的位置。
- G/T　　G 為 Gauss，即 mG（毫高斯）；T 為 Tesla，即 μT（微特斯拉）。1 μT（微特斯拉）= 10mG 毫高斯。
- MEM　記錄 2,000 筆測量資料。
- READ　讀取已記錄的測量值。

❶ 三軸測試計可測得 X、Y、Z 三個方向的劑量的總合，測
　　量時面對牆壁或天花板等可能的電磁波源即可，但仍要稍
　　微移動一下方向，才能確認最大值。

❷ 單軸測試計要測量 X、Y、Z 軸三個方向，因此，面對電
　　磁波源要將測試計先頭朝上和牆壁平行測量、再垂直指向
　　牆壁測量，再將測試計側身與牆壁平行測量。通常只有一
　　個方向測值較大，若在牆壁轉角處也可能有兩個值較大，
　　一個值較小。三個方向的測值出來後，再用前面的方法概
　　略計算該點的磁場值即可。

我們的住家安全嗎？

住家極低頻電磁波強度示意圖

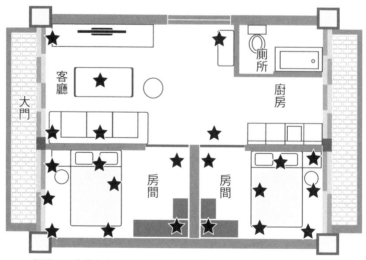

說明：★為屋內每個空間的建議測量點。

　　如果你懷疑住家可能有極低頻電磁波劑量過高的情形，可向環保團體（台灣電磁輻射公害防治協會）租借一個高斯計進行測量。

❶ 畫一張簡單的住家格局（包含房間、客廳、廚房等）平面圖（見 P122），同時標示出電力總開關的位置，若知道戶外電線或配電設施（有些變電設施掛在電線桿上）的位置，也可畫在屋外區。

❷ 設定每個房間及通道的測量點，將預定測量點編號，再依序測量每個室內空間的中心點、四個角落及通道的劑量，同時記錄。若要更精細還可測量四個角之間的牆壁的磁場劑量。

❸ 檢視、分析室內各點的測量值。從測量資料中分析測量值和室內牆壁中配線的關係，或屋內總開關、家電用品等的影響，找出高劑量點、線或區的原因。

❹ 用紅筆將高劑量點、線或區在平面圖上標示出。

❺ 從測量的數據中找出原因，再以高斯計追蹤測量一次，確認造成高磁場的來源，同時以圓圈或線條標明總開關、變壓器、屋內配線等，或戶外配線走的路徑，找出高磁場的原因。

❻ 檢查高劑量點、線或區是否為日常長時間停留的地方。如果長期停留，風險可能較高，應設法改善，例如該處放置長時間睡覺的床，則要設法移到家中磁場較低的地方。

室內極低頻電磁波來源

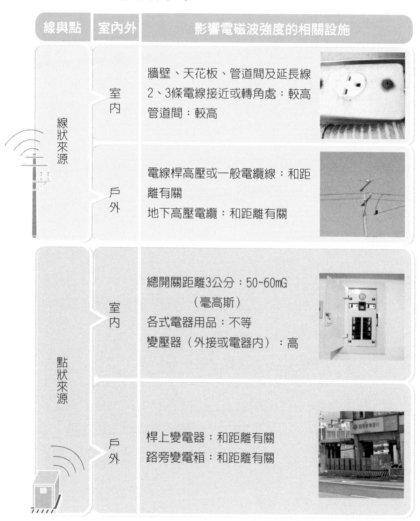

線與點	室內外	影響電磁波強度的相關設施	
線狀來源	室內	牆壁、天花板、管道間及延長線 2、3條電線接近或轉角處：較高 管道間：較高	
線狀來源	戶外	電線桿高壓或一般電纜線：和距離有關 地下高壓電纜：和距離有關	
點狀來源	室內	總開關距離3公分：50~60mG （毫高斯） 各式電器用品：不等 變壓器（外接或電器內）：高	
點狀來源	戶外	桿上變電器：和距離有關 路旁變電箱：和距離有關	

我們的辦公室安全嗎？

　辦公室或教室可能隱藏高劑量極低頻電磁波危機，主要為高壓電線藏身其間，或旁邊有輸配電設施存在。

❶ 先畫一張辦公室或教室的平面簡圖，並標示出自己的座位及長時間停留點，再標示出室內各個角落、通道後測量。

辦公室極低頻電磁波強度示意圖

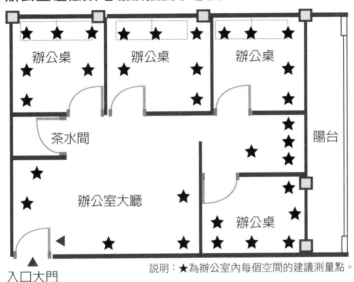

說明：★為辦公室內每個空間的建議測量點。

❷ 先測量辦公室（或教室內辦公桌、課桌椅）範圍內的電磁波劑量，再測量四邊及四個角落。

❸ 若發現某個地點電磁波劑量過高，可在該點將高斯計依前述方式進行前後左右的移動測量，看哪個方向的磁場強度增加。若某方向劑量升高，可持續再往該方向以半公尺、

1 公尺的距離漸進式測量，以找到高劑量磁場源。

❹ 若發現牆壁、屋梁或天花板某處劑量偏高，則可推測該處
有電線通過。若磁場強度劑量特高，可能就是有高壓電線
通過該處。

❺ 為了追查高壓電線影響的範圍，可以高斯計沿著牆壁、屋
梁或天花板，保持一定的距離移動到幾個定點測量。因為
距離相同，所測得的劑量也大致相同，以此方法可以嘗試
找出高壓電線隱身的路線走向。

❻ 以紅線標示出這條高壓電線一定距離內的高磁場危險區，
應盡量避免長時間停留。

❼ 如果測量出的磁場強度只朝向某一個方向逐漸增強，那就
可以循著強度增加的動線測量，直到發現輸配電設設、總
開關或變壓器等，即可確認來源，再用紅筆在該輻射源及
向外輻射的過量磁場區，畫一個圓圈，標出警示區。

如何分辨室內及戶外極低頻電磁場來源

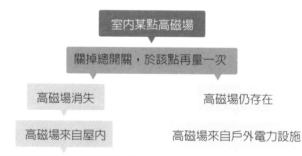

我們戶外環境安全嗎？

戶外極低頻電磁波的來源為桿上、地下或一般高壓電纜線、路旁變電箱、大樓變電室及桿上變壓器等輸配電設施。

❶ 先畫一張住家附近的平面圖，將可能發出極低頻電磁波源的設施標示出來，同時將圖中的不同設施位置標示代號，依序測量，即可得到一張住家附近的極低頻電磁波強度分佈圖，再將圖中高劑量的危險區域標示出，並減少在該區長時間停留。

戶外環境極低頻電磁波強度示意圖

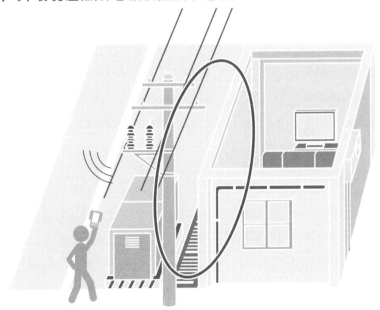

説明：以上圖為例，由於在室內測得圓圈處有高劑量電磁波，就需要到戶外測輸配電設施。

❷ 找到戶外的電線桿，貼著電線桿旁將高斯計朝上測量，與電線桿平行（見 127 頁示意圖）。有些電線桿有變電設備，測出的磁場強度可能從幾毫高斯至 100 多毫高斯，電線桿電線磁場劑量和地面的距離有關，距離越近則越強，距離越遠則越弱。有些都市街道巷弄中電纜線和二、三樓住家很近，得特別留意電纜線磁場對住家的影響，若強度過高，住戶在空間利用的規劃上就得避開距離電線近的那邊。

❸ 在電纜線和變電箱等附近測量，要從最接近處測量、記錄，再退幾步每隔 1 公尺測量一次，直至磁場劑量降至環境背景值（2 毫高斯）的距離，該範圍內為輸變電設施磁場影響有風險的範圍，可用紅筆畫線條或圓圈標示。

❹ 在高壓電纜線正下方進行測量，高斯計朝上，往外每隔 1 公尺測量一次，直至測量的磁場強度回復到環境背景值為止，則從那點拉成和高壓電纜線平行的範圍內，都是高壓電纜線影響的風險區域，可用紅筆以線條標示，同時記錄該點和高壓電線正下方的距離。

❺ 有些地方高壓電纜線會埋在地下，因此，在電線全面地下化的地區，居家附近的街道、巷弄也必須加以測量，如果發現磁場強度有異常升高的情形，測量時即可朝向道路或巷弄的水溝及中間逐距測量，越接近地下高壓電纜線磁場強度越大，且沿線等距都有相同的測量結果，即可能有高

壓電纜線埋設在地下，可用紅筆標示從地面磁場最強的點一直到回復環境背景值的點，拉出平行線的路面或住家範圍。

❻ 有些社區或大樓的配電設施在戶外，依其變壓設施不同，會產生不同強度的磁場，測量時可以該點為圓心，往外隔1公尺測量一次，直至測量值回到環境背景值為止，在該點和變電設施等距處以紅筆畫一個圓，範圍內即該變電設施高劑量磁場影響的區域。

小心！這些都是謀殺健康的居家電器用品

家是使人最容易放鬆的地方，也是睡覺、休息、讀書和娛樂等長時間停留的地方，我們每個人的家中也都有許多電器用品，只要一按開關，電燈、冷氣、電視、電腦等就立即打開，為了美觀，供應這些電器的電線都隱藏在牆壁內，然而，房屋內不同地方的極低頻磁場強度都相同嗎？什麼電器的磁場最強？這是我們最想知道的。

吹風機磁場強，應縮短使用時間

電器本身也會產生極低頻電磁波，感覺上冷氣機用電量最大，但可能機身伸向外面，面對室內這面並沒有特別強的電磁波。

有些每天長時間使用的電器，都要特別仔細測量，像電腦、筆電、電視等磁場都不強，主機後方稍強一點而已，倒是連

接電腦的音箱，有些音箱變壓器裝在裡面，磁場強度很高，不能太靠近身體，有些變壓器和插頭連接，因磁場很高，也不宜和腳太靠近。

有些電器雖然使用時間不長，但經常都會用到，如電鍋、烤箱、電磁爐、微波爐等，在運作時最好至少保持 50 公分以上的距離較安全，使用吹風機、電動刮鬍刀等也應縮短使用時間，以降低高磁場影響的風險。有的微波爐磁場高達幾百至 1 千多毫高斯，而且還有射頻電磁波，使用時最好離開 2 公尺以上較安全。

臉部按摩器，潛藏高磁場風險

有個朋友的媽媽是電器熱愛者，家裡有各式各樣的家電用品，其中有面部按摩器、腰背按摩器等，我們就商請朋友同意，到他家測量，結果發現臉部按摩器在快接觸到時測得的磁場破表，高斯計最多只能測到 2,000 毫高斯，臉部按摩器接觸臉的部位竟然超過 2,000 毫高斯；腰背按摩器測得的最高磁場也將近 200 毫高斯，電動按摩或許能讓肉體舒服放鬆，但卻也潛藏著高磁場的風險。

還有一天去親戚家吃飯，沒事拿著高斯計到處測量，他們家的地板和天花板之間距離較大，配線很好，測量的磁場強度都很低，但經過魚缸時磁場突然激增，使我們嚇了一跳，一看原來魚缸上方一邊有一個淨水器，靠近測量高斯計呈現 OL，即破表的訊號，原來是淨水器惹的禍。觀察魚缸中的魚，休息時全都靠在遠離淨水器的另一邊。

變壓器竟是高強度磁場發射源

經過長期觀察和歸納，發現這些超高磁場的電器電流都要經過大幅度的變壓，因電壓變化大，才會產生如此高的極低頻磁場。

有些電器則透過一個連接插頭的正方形變壓器，有的變壓器則裝在電器內，我們如果靠近測量這些變壓器，就會發現磁場很強，因為變壓器都利用迴路線圈，電流經過幾道線圈，感應磁場就增加幾倍，因此，變壓器是高強度極低頻磁場的點發射源（見 124 頁表）。

家用電器測量舉例

132 頁的表，是我們測量家中各類電器用品極低頻電磁波磁場強度，提供讀者參考。當然，不同廠牌、大小和形式的電器磁場強度會有個別差異，讀者可以自行測量記錄，以確知每個家電用品的磁場強度，才能提高警覺，和高磁場電器用品保持適當的距離。

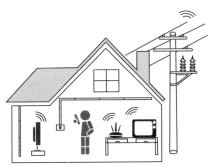

看似甜蜜的家，可能裡裡外外皆隱藏著電磁波風險。

磁場較高的家用電器

（單位：毫高斯）

電器	接觸	3公分	5公分	30公分	50公分
面部按摩器（正）（側）	1,400~2,000 700~1,600	218	96	6	1.5
腰背按摩器	124~186				
魚缸淨水器（小）（大）	超過1,000 超過2,000	174.2 1,061	133 658	11.2 1.2	3.7 0.3
電腦音箱變壓器	276	165	117	3.6	1.2
除濕機（正）（側）	128.9 20.8	68.5 17.6	48.7 14.1	4.5 1.6	1.7 0.5
烤箱（正）（側）	113 98	97.8 77.4	42.3 29.9	8.0	3.2
烤箱電線	22.6	4.6			
吹風機	94			1.7	0.6
吹風機電線	14	4.2	1.6		
電磁爐	61	28	23	2.1	1.4
電鍋（正）（側）	17.8 25.1	11.5 16.2			
電鍋電線	54	9.6			
電動刮鬍刀	52.4	6.1	2.9		
冷氣機	33.3	24.2	17.9	2.1	
微波爐	24.2~800	18.2~500	16~400		

電器	接觸	3 公分	5 公分	30 公分	50 公分
傳統電視 （正） （側）	15.3 27.8	4.2 20.4	3.1 18.5		
液晶電視	前 5.9 （52 吋中心）	3.7	2.5		
電腦主機 （正） （上） （側） （後）	2.4 2.5 3.4 36	1.9 2.3 1.6 18.6		1.3	
電腦螢幕 （正） （上） （側） （後）		1.0 2.2 1.0 0.9			

說明：以上測量值僅供參考，各種電器因廠牌不同、大小各異，產生的極低頻磁場也各不相同，要確認家中電器的磁場強度仍然必須自行測量。

電磁波小百科

測量高壓電纜需分時段多次測量

由於高壓電纜線通過的電流會因應電力供給需求而改變，因此，不同時間可能會有不同的電壓和電流經過，產生的磁場強度也不同，因此，必須在不同時段或期日多測量幾次，才能有較多且較完整的數據。

家中配線的電流越強，電磁波越高

一般來說，總開關通常在大門入口旁邊的牆壁上，是家中所有用電的入口，電流量最大，貼近測量的磁場約 50 毫高斯，必須距離 50 公分遠磁場才會降到 2 毫高斯。

由於總開關有一鐵製蓋子蓋住，如果我們將蓋子打開，則極低頻電磁波會增加 5~7 毫高斯。金屬板有降低極低頻電磁波的功能，但是，一層鐵板只能擋掉一小部分磁場而已。

為了證明金屬物質可降低磁場，我將高斯計放進鋁合金圓筒型糖果罐內部，在總開關前 15 公分處，原本測得 18 毫高斯，經鋁罐阻擋後，可稍微減少 3、4 毫高斯，但若用圓形的平蓋阻擋，則沒有什麼阻擋的效果。

通過總開關的電流經由配線連接到屋內各處的電燈、冷氣機、冰箱及開關等，房屋的配線大多沿牆壁、梁柱經過，通常配線在梁柱牆壁轉角處磁場較強，約在 2~5 毫高斯之間，因為轉角處的磁場來自兩邊電線發出磁場的總合。

另外，配線經過的地方也是關鍵，住家牆壁內的配線管如果有不同迴路的電線，或同一迴路電線兩股分太開，很容易造成高磁場的狀態，因此要讓火線與迴線接近並排，這時，火線與迴線產生的磁場就會互相抵銷，使住家室內的磁場變小。

測量幾間房屋後，發現每個房屋內各處極低頻電磁波的強度都不太一樣，而且，不同的房屋磁場強度也有相當的差異，

因此，無法套用，有時在這個房屋磁場很強的地方，換到另一個房屋的同處，磁場卻變得很小，因為我們無法透視牆內的配線和電流強度，所以，為了要讓自己和家人避免高劑量極低頻電磁波照射的風險，每間房屋都還是要經過測量，才能確實掌握屋內各處極低頻磁場強度的大小，以確保安全。

依經濟部訂定的「屋內線路裝置規則」第 220、234、259、283、292-5、417 及 484-5 條規定，目的在使屋內配置電纜線的電流達到平衡，且經由電纜線導線的配置，使電流產生的磁場互相抵銷，而降低屋內極低頻電磁場的強度。然而，室內配線若沒有依照室內配線規則，則容易造成室內高磁場的現象，使居住者有健康風險。

家中電器用電量越多，經過配線的電流也會越強，磁場相對也會較高。通常客廳、房間的中間因遠離牆內配線較遠，如果沒有電燈或其他電器影響，磁場強度常會較低，約在 0.4~1.5 之間。

總開關及電器為極低頻電磁波磁場的點狀發射源，較容易提防和保持距離；配線則為線狀發射源，影響整個屋內空間，必須小心留意磁場強度較大的地方。

一般開關接觸點磁場磁度也會因電燈泡的大小而異，開啟很高瓦特的中庭燈後，開關接觸點的磁場可能會升高至 5~6 毫高斯，關燈後電磁場又變得很小，在 1 毫高斯以下。

總開關及配線

（單位：毫高斯）

	接觸	5 公分	10 公分	30 公分	50 公分
總開關	58.9	36.8	23.4	5.6	2.6
梁柱轉角牆壁	4.5~5	3.9~4.5	3.6~4.1	3.1~3.7	2.3~2.9
開關	1.6	1.1			

防護極低頻電磁波的 4 大對策

　　許立民醫師說，電磁波和距離的平方成反比，距離拉得越遠越好，暴露的時間也是越短越好，工作環境長時間的暴露要避免。然而，距離有時是客觀的因素，有時很困難，就好像高壓電纜線影響。至於暴露的時間，因為人可以移動，就可想辦法降低暴露時間或移動到電磁波較低的環境。

　　對於敏感族群如老人、小孩及孕婦，要盡量避免待在高電磁波環境，就社會的觀點來看，國家不應該把會釋放高電磁波的設施建在老人、小孩及孕婦多的地方，也就是我們要花更大的成本去避免這件事，無論從立法，工程施作上，老人、小孩及孕婦都要列為避開的族群（許立民醫師訪談）。

　　對家裡的電磁波各點不同，我們不會把飯端到馬桶去吃，我每天花最多時間的地方就是要電磁波最小的地方。

電磁波小講堂

電器廠商的社會責任

　　電器是磁場的點狀散播源，常用的電器中以電鍋、烤箱、冷暖氣機等將電能轉換為熱能的電器磁場較高，另外像臉部按摩器、魚缸淨水器等磁場超高，有些電器如吸塵器、除濕機、微波爐等，各家廠商的商品磁場強弱有相當大的落差，電器廠商如果能研發較低磁場的商品，可降低必須接近、長時間使用的人受到強磁場影響的風險。對會散發強磁場的商品若能在說明書上作相關的標示或提醒，也可以讓使用者懂得安全使用的方法。這些都是廠商的社會責任。

防護家中的高劑量極低頻電磁波

　　住家經過檢測後發現，屋外的高壓電纜線（地上或地下）、一般電纜線或變電箱造成屋內有高劑量的極低頻磁場，而且這些電力設施短期內又無法遷移時，住戶就要先行自我保護：

對策❶ 保持距離，以策安全

　　因磁場會隨著距離迅速衰減，因此，經常長時間停留的臥室、書房、客廳沙發等處應先避開高磁場的那一邊，以減低高磁場的影響。

對策❷ 使用磁場防護設施

　　面對高磁場源的那一面牆，可考慮使用磁場防護貼板（如鋁板）或低頻屏蔽漆（水溶性乳膠漆，可當底漆）來降低磁場劑量。

對策 ❸ 減少停留時間

明確對屋內或屋外的高磁場區標示範圍，以提醒自己減少在該區活動的時間，或該區可以變成放置家具或閒置器具的地方。以避免在該區長時間活動。

對策 ❹ 暫時搬離

若面對高壓電纜線或變壓設施等高劑量磁場威脅，且已造成身體不適，暫時離開或許較好。

掌握生活中射頻電磁波的危害

射頻電磁波是人類為了通訊、偵測、氣象、視訊傳播等目的而發射的電磁波，發射源主要為雷達站、通訊設施、電視轉播站、廣播電台、基地台、無線網路中繼站、分享器、手機等。

早期射頻電磁波出現在雷達、大區域的警用廣播、軍事上的無線通訊及衛星通訊、微波通訊等，多為國防軍事設施。廣播、電視發展後，無線發射台也開始產生射頻電磁波，但因軍事設施只侷限在特定的地點，廣播、電視發射的射頻電磁波強度有限，影響層面仍小，直到行動電話發展後，基地台大量設置，無線網路發展，無線網路分享器普遍使用後，才使這些點狀的發射源普遍存在我們生活環境中，造成近距離的照射風險。

罔顧健康的射頻電磁波標準

世界各國和台灣都沒有環境中射頻電磁波強度的安全標準，各國都只規範射頻電磁發射源（基地台、廣播電視發射台、雷達站等）發射的強度，且各國的標準也各有不同，目前台灣法規的基地台的射頻電磁波環境暴露規範建議值為 450 萬 $\mu w/m^2$（微瓦／平方公尺）、900 萬 $\mu w/m^2$，和世界衛生組織（WHO）的規範一致，射頻電磁波經過長短不一的傳播距離到達各住戶後，強度會不斷下降，加上房屋牆壁或金屬遮雨棚等阻擋，強度就更低。

強烈主張室內 5 微瓦／平方公尺以下的安全值

我們如果參考德國健康住宅對室內射頻電磁波規範的安全值為 5 $\mu w/m^2$（微瓦／平方公尺），或奧地利薩爾斯堡的 1 $\mu w/m^2$，台灣電磁輻射公害防治協會前理事長陳椒華認為不能超過 10 $\mu w/m^2$。如果在屏蔽良好且沒有 Wi-Fi 發射源的室內，大多可以在這些安全值以下，但對於長期在室外活動、工作的人而言，就要承受來自四面八方強度不等的射頻電磁波的照射了。

產生射頻電磁波的人為設施

產生射頻電磁波的設備	射頻電磁波頻段
雷達、基地台、無線網路分享器、微波爐	500MHz（兆赫）~50GHz（吉赫）
調頻及調幅廣播電台、無線電視台	500KHz（千赫）~ 500MHz（兆赫）

2001 年台灣非游離輻射射頻環境建議值

電信設施	環境建議值 / 暴露規範建議值	
行動電話基地台 發射頻率	mw/cm^2 （毫瓦 / 平方公分）	µw/m^2 （微瓦 / 平方公尺）
900MHz	0.45	450 萬
1,800MHz	0.9	900 萬

世界各國射頻電磁波的環境建議值

世界各國對射頻電磁波的環境建議值差異很大，在 1800MHz 電磁波頻率發射的暴露規範為：

國家	環境預警值 功率密度 （µw/m^2）	環境建議值 電場強度 （V/m）
英國國家輻射保護局	100,000,000	194
美國聯邦通信委員會	10,000,000	61
WHO、ICNIRP（1998）	9,000,000	58
台灣（環保署）	9,000,000	58
中國、俄羅斯	100,000	6
瑞士、盧森堡	95,000	6
奧地利維也納	10,000	1.9
奧地利薩爾斯堡 （1998）	1,000	0.6

資料來源：《電磁輻射公害防治手冊》：41。

理想住宅室內射頻電磁波安全值

國家（地區或團體）	住宅室內射頻安全值（µw/m^2）
德國建康住宅協會	5
奧地利薩爾斯堡	1

資料來源：《電磁輻射公害防治手冊》：46。

知己知彼，拒絕射頻電磁波

　　射頻電磁波的波長從幾公分至幾百公尺，波長較短的射頻電磁波如 Wi-Fi 使用的 2.4G 頻段射頻電磁波，相對於 700 或 900MHz 頻段射頻電磁波，穿透力較強，但衰減較快，繞射能力較差，室內傳輸容易有死角，覆蓋率就不如波長較長的射頻電磁波。

　　射頻電磁波主要是測量電場，對人體健康的風險和人體受到照射的強度有關，而射頻電磁波頻率的高低，就好像我們使用 1 瓦的電燈泡時會發現，射出的光線微弱，身體靠近時也不會有灼熱感，但如果使用 100 瓦的燈泡時，不但感覺光線很強，身體靠近時也會有灼熱感。當然，較強的射頻電磁波除了熱效應之外，還有對細胞、神經傳導等其他影響。

　　射頻電磁波的頻率比可見光低，但我們看不見也感覺不到，無法用眼睛和皮膚的感覺偵測，只能依靠射頻電磁波偵測器才能得知其強度。

　　因此，雷達站或基地台等發射源如果發出很強的射頻電磁波，而你又在很靠近這些發射源旁邊居住、活動或工作，而且中間沒有屏蔽阻擋，那你受到射頻電磁波的影響就會較大。但射頻電磁波的強度會隨著距離發射源拉遠而迅速衰減，因此，保持和發射源一定的距離是降低風險的最重要方法。如果無法保持一定的距離，就要利用建築物或金屬設施加以阻隔、防護，以降低健康風險。

　　射頻電磁波容易受到金屬物質的阻擋。我們如果將手機用鋁箔紙密封包住，或將手機放入金屬糖果罐蓋住，手機將會收不到訊號，以前捷運車廂內還未設手機通訊設施時，車廂內也收不到訊號，因為車體為金屬材質，內部為密閉空間，射頻電磁波難以穿透，電梯內也具有同樣的效果。因此，金屬板、金屬網膜或含金屬遮蔽物，可以阻擋射頻電磁波，轉移波的行進方向，鋼筋混凝土的牆壁也能阻擋不少射頻電磁波強度。

健康不能等，測量射頻不求人

　　我們的生活環境充滿了許多射頻電磁波的發射源像基地台、手機，然而，我們要如何才能知道這些大小設施發出的射頻電

非知不可的射頻電磁波測量單位

射頻電磁波頻率較高，測得電場強度後，再轉換成磁場強度及功率密度。
電磁場能量密度以 W（瓦）來計算單位面積通過的電磁場功率密度。

測量標的	電、磁場 及功率密度單位	高劑量時 單位自動轉換
電場	mV/m （毫伏特／公尺）	V/m （伏特／公尺）
磁場	μA/m （微安培／公尺）	mA/m （毫安培／公尺）
每平方公尺 功率密度	μw/m2 （微瓦／平方公尺）	mW/m^2 （毫瓦／平方公尺）

說明：1W（瓦）=10^{3}mW（毫瓦）=10^{6}μW（微瓦）
　　　1μw/cm^2（微瓦／平方公分）= 10,000μw/m^2（微瓦／平方公尺）

磁波強弱如何？距離這些發射源要多遠才安全呢？要掌握射頻電磁波的強度，實地測量是唯一的方法。

　　射頻電磁波主要是測量電場強度，再轉換成能量密度（單位面積的能量強度），即微瓦／平方公尺或微瓦／平方公分。

射頻電磁波的測量和舉例

使用方法舉例

　　射頻電磁波測試器為電場測試器，但經過轉換，也能得出磁場及功率密度的測量值。第 144 頁舉泰仕 TES92 電場測試器為例（測量範圍：50MHz~3.5GHz），讀者可參考操作步驟與功能說明。

室內測量方法及注意事項

❶ 接近功率很高的射頻發射源的測量，要選擇電場（V/m）測量單位才有效。因近場時電場和磁場沒有有效的對應公式。

❷ 一般區域測量：以功率密度單位測量為主，即測量單位面積（平方公尺或平方公分）通過的功率。劑量不高時用 μw/m^2，劑量高時用 μw/cm^2。

❸ 向各方向測量：因射頻發射源來自遠近各方的基地台、AP、IP、無線廣播電台及電視台等，甚至還有雷達，測量時可緩慢轉一圈，在各方向停止穩定後測量，同時觀看測量值變化，以找出最大的射頻輻射值及方向。

❹ 減少障礙物的阻擋：射頻輻射容易受到建築物、金屬板等阻擋，要避開這些東西才能測得真實的電磁波劑量。

以泰仕 92 電場測試器為例：

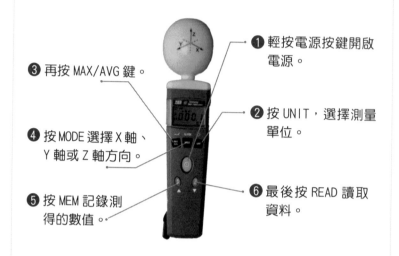

❸ 再按 MAX/AVG 鍵。

❹ 按 MODE 選擇 X 軸、
　Y 軸或 Z 軸方向。

❺ 按 MEM 記錄測
　得的數值。

❶ 輕按電源按鍵開啟
　電源。

❷ 按 UNIT，選擇測量
　單位。

❻ 最後按 READ 讀取
　資料。

功能說明：

- UNIT 可選擇電場（mV/m）、磁場（μA/m）或功率密度
  （μW/m²、μW/cm²）的測量單位。若測量時射頻劑量過
  高，電場單位會由 mV/m 直接轉換成 V/m；磁場會從 μA/
  m 轉換成 mA/m；功率密度 μW/m² 也會轉換成 mW/m²。

- MAX/ AVG 當測量值不斷變動時，可按此鍵選擇最大值，
  若測量值變動很大，可選擇 AVG。測量時要向四周及上下方
  偵測，但儀器要穩定靜止，搖晃時會出現較大的數值不能代
  表實際強度。

- MODE 測試器為 X、Y、Z 三軸測量，MODE 可單獨選擇 X
  軸、Y 軸或 Z 軸方向的測量值，在測量值跳動激烈時，可選
  擇個別方向的測量值，以分辨不同方向的射頻電場值。

- MEM 可記錄 99 筆測量值。

- READ 讀取已記錄的測量值。

射頻電磁波在不同環境的測量說明

位置	射頻設施	預測測量值 （μW/m²）	不同環境條件	說明
室內中心點測量	室內沒有： 無線電話 無線分享器 等射頻發射源	I 以下	窗戶或外面建物 等屏蔽良好	靠近窗戶測量 值會迅速提高 至 5、10 或幾 百 μW/m² 不 等
		10 以下	窗戶或外面建物 等屏蔽稍差	
		幾百～幾千	外面射頻發射源 在不遠處	
		幾千～幾萬	雷達站、基地台 等很靠近	
	室內有： 無線電話 無線分享器 等射頻發射源 開啟中或接收 器接收中	幾十～幾萬	離射頻發射源越近 測量值越高	要測量外部射 頻電磁波劑 量，須先全部 關掉室內所有 射頻發射設施

室內射頻發射源測量參考

　　測量無線分享器（Wi-Fi AP）時，和發射源保持平行的距離時，測得的劑量最大，測量時測試器要面對著無線分享器，如果背面測量，身體會擋住射頻電磁波，會測到較小的數值。

　　另外要注意的是，筆記型電腦開機後啟動無線網路連線上網時，在螢幕前鍵盤上方測量的劑量最高，在收訊差的地方比收訊好的地方測量值會較高；若沒有開啟網路，只是使用筆記型電腦時，則射頻電磁波測值會降低。

一般射頻發射源電磁波測量舉例

設施	距離	傳訊中測量值 （單位：µW/m²）	未傳訊時
無線電話 基座 （和基座平行）	10 公分	80,000~97,000	
	20 公分	23,000~52,000	
	50 公分	14,000~16,000	
	1 公尺	3,800~5,600	
無線 分享器 （Wi-Fi AP）	10 公分	45,000~56,000 （最高 6、70,000）	25,000~36,000
	30 公分	23,000~27,000	7,500~8,700
	60 公分	8,000~13,000	2,400~3,600
	1 公尺	2,200~3,600	900~1,200
	2 公尺	600~1,600	60~180
	3 公尺	300~800	30~110
無線網卡 （網路連 線中，和 接收天線 平行）	10 公分	6,000~57,000	
	30 公分	5,000~32,000	
	50 公分	3,600~7,000	
	1 公尺	1,000~5,000	
筆記型電 腦使用無 線網路中	鍵盤上方 5~10 公分	2,100~5,400	幾至幾十
平板電腦 使用無線 網路中	10~30 公分	2,000~5,500	幾至幾十

屋內射頻電磁波測量和舉例

以室內有使用 Wi-Fi AP 的住家為例（見下圖），雖然此屋內的射頻電磁波外面，有來自東南邊較近的基地台及北邊較遠的基地台影響，但都有受到建築物及窗戶外鐵製遮雨棚阻擋而減弱很多。然而，屋內的無線分享器（Wi-Fi AP）發射源，卻使客廳成為射頻電磁波最強的區域，所幸其他房間的電磁波隨著距離的遠近而迅速衰減。從圖中我們可以發現，客廳南邊因發射源距離較遠，因而測量值很低，至於主臥，仍受到射頻穿過木板牆的影響，以致電磁波高於其他房間。

住家射頻電磁波強度示意圖

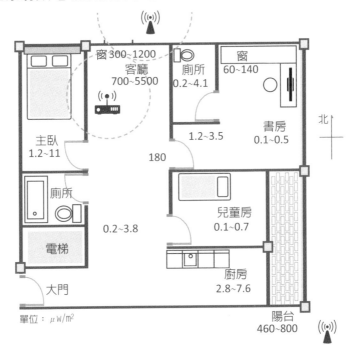

電磁波小講堂

基地台電磁波標準，應比照歐洲國家

　　政府規範的 900 和 1,800MHZ 的基地台環境建議值是 450 及 900 萬 μw/m² （微瓦 / 平方公尺），也就是基地台發射的射頻電磁波功率密度不得超過這個數值，然而，這是否意謂著在這些基地台周邊的住宅測量到的射頻電磁波功率密度，只要不超過這個數字就是安全的？

　　假設政府規範的基地台環境建議值是安全的，我們行政院長官們的辦公室也不過是 1、2,000μw/m²，離 450 萬和 900 萬 μw/m² 的建議值，還非常遙遠，為什麼他們要花費公帑做射頻電磁波的防護呢？這是一個值得思考的問題。

行政機關首長們的防護

地點	射頻電磁波 （μw/m²）	屏蔽設施	屏蔽後 電磁波 （μw/m²）
行政院衛生署 局長室窗戶前	1,160	屏蔽布	4.1
局長室牆壁	1,160	屏蔽漆	1.5
行政院人事行 政局 （立法院前）	2,920	窗戶屏蔽布 牆壁屏蔽漆	7.5

資料來源：電磁波防護公司網站

我們的射頻電磁波規範是根據世界衛生組織（WHO）的非游離輻射防護委員會（ICNIRP）訂定的標準，檢視世界各國的標準，除了英國和美國較高之外（見 140 頁表格），無論是中國或歐洲等國基地台射頻規範值都比我們低很多，台灣是面積小且人口密度極高的國家，允許如此高的射頻規範對所有住在靠近基地台而又沒有被告知的居民而言，是非常不公平的。

當民眾發現住家旁邊有基地台，請 NCC（國家通訊委員會）去作檢測，NCC 通常檢測後會告訴居民，測量結果沒有超過射頻規範值。以目前基地台接近實測的數值大多是幾十萬 $\mu w/m^2$，雖然遠低於規範值，但是，住在旁邊的人如果沒有警覺，沒有作好防護，每天長時間接受數萬或數千 $\mu W/m^2$ 照射，將會對身體健康造成很大的風險。

電信業者設置基地台時，惟恐附近居民知道起而抗爭，於是大多沒有採行「預警原則」和周圍民眾進行「風險溝通」（見 110 ～ 111 頁），以至於常使沒有警覺的居民身陷射頻電磁波威脅的風險之中。基地台業者如能告知周圍民眾，使居民作好防護設施，同時懂得在生活中減少照射，自我防護，使附近的居民降低健康風險，才是電信業者盡可能減少社會成本與風險的應盡企業責任。

少數國家或團體有嚴格的射頻室內安全值，但仍然沒有戶外射頻電磁波安全值的標準。

戶外射頻電磁波測量和舉例

由於通訊傳播業的發展，使我們活動的戶外空間射頻背景值經常居高不下，戶外總不乏基地台、雷達站、無線網路存取點、電視或廣播電台……等，尤其以市中心最為明顯。

由於基地台或無線網路存取點等分散在各處，因此測量時必須用射頻測試器朝各方向測量，才能找出測量值最大的方向，這些方向大致上是射頻電磁波源最接近處。值得注意的是，除了市區測量值較高，港口也常有船舶雷達而使射頻測量值較高。

大樓樓頂附近射頻電磁波強度示意圖

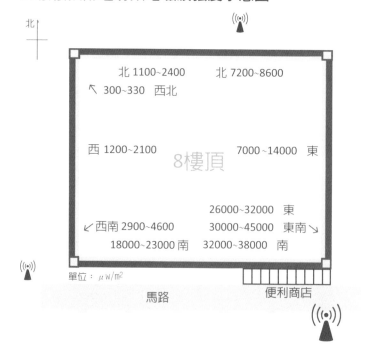

我們再以大樓附近有架設基地台的大樓頂為例（見 150頁），此大樓西南邊及北邊雖然都有基地台，但距離都很遠，而東南方 20 餘公尺處有一棟獨立 6 樓建築，屋頂設置有基地台。當我們在 8 樓頂各角落朝各方向測量後，測得東南方朝向基地台最近處的射頻電磁波最強，由於中間毫無屏蔽，測量值竟高達 30,000~45,000 $\mu W/m^2$。

在都市各個地點常會有來自各方的基地台射頻電磁波，即便在同一地點的不同方向，仍會有不同的射頻電磁波測量值（以台北車站附近為例，見下圖）；公共場所內部有射頻發射源的地方也越來越多。

台北車站附近射頻電磁波強度示意圖

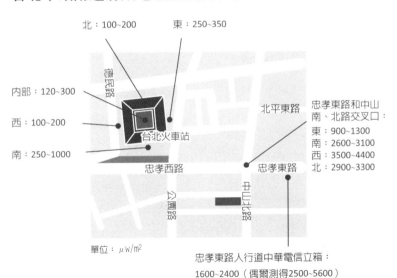

　　由於山坡地基地台發射方向都朝向住宅密佈區，因此，測量位置並非發射源正前方，而是側面，基地台 1 在 10~15 公尺處測量值最強，和該處可接收到的各支發射源發出的射頻電磁波在該處較強有關。

山坡地基地台射頻電磁波測量值

（單位：μw/m²）

設置地點	基地台 1 （有方向性）	基地台 2 （有方向性）	山頂 2 個無方向性基地台之間
下方	18,000~27,000	7,400~18,000	63,700~ 67,400
5 公尺	12,000~15,000	5,100~12,800	
10 公尺	51,000~73,000	3,800~8,300	
15 公尺	15,000~21,000	1,300~2,750	
20 公尺	6,900~8,700	550~1,150	─
30 公尺	4,300~5,800	360~800	

山坡上基地台朝山下住宅區發射電磁波。

拒絕黑箱，雙向溝通才是王道

因應 4G 時代的來臨，電信業者必須在全台各地增建數量龐大的基地台，才能滿足其射頻電磁波在全台灣各地的覆蓋率。然而，這些基地台分布在哪裡？距離基地台周邊多遠距離的居民會有風險？電信業者是否有明確標示基地台的位置及發射強度，及提醒周圍太靠近的居民必須作好適度的防護？

電信業者常會打廣告說：「基地台是您的好鄰居」，然而，大多數的人仍然聞基地台色變。現代人既要享受無線多媒體服務的方便，又不願意基地台建在我家旁邊，這是普遍存在要方便，又不願意承擔風險的心態。

對電信業者而言，告知基地台的位置使附近居民有所警覺及作好防護，是業者的責任；從居民的角度看，學習認識射頻電磁波正確的知識，了解其可能帶來的風險，同時又有能力作適度的防護，才是最重要的事。

因此，我們必須主動學習射頻電磁波的相關知識及測量射頻電磁波強度的工具與方法，才能隨時掌握環境中射頻電磁波的強度，以自我保護和降低風險。

　　另一方面，我們也必須要求 NCC（國家通訊傳播委員會）設網站公開所有基地台、雷達站等位置的資料庫，以方便大眾查閱，NCC 也要蒐集全世界射頻電磁波和健康的相關學術研究資料，供大眾閱讀參考，提升大眾對射頻電磁波的知識。透明的資訊才是降低疑慮、減少恐慌最好的方法。

預警原則：人民有知道基地台所在位置的權利

　　目前存在我們環境中會產生射頻電磁波的設施為基地台、Wi-Fi 熱點、無線分享器、無線電話基座及相對應的手機、電腦、電話等設施。對功率小及裝設在室內空間的射頻設施，可加強使用者教育，使射頻電磁波風險和防護相關知識更加普及；但對普遍暗藏在我們環境中的基地台，政府相關部門就應負起預警的責任，將全國所有基地台的資訊上網公布，使人民可以查詢到基地台所在位置的相關資訊，使所有國民知道基地台離我家有多遠，這是環境權（環境基本法）保障人民知的權利。

　　2009 年 NCC 計畫建立「電台地理資訊系統」，將全國的廣播、電視及行動通信基地台位址資訊全部上網供民眾查詢，但此訊息發出後，立即引發電信業者反彈及部分立委關注，同時建議為避免民眾恐慌，暫緩實施，NCC 隨即說明資料庫並非要公布基地台位址，且強調基地台電磁波對人體無害。NCC 明顯已受到政商壓力影響。

在歐洲先進國已有英、德、法、瑞士、奧地利等多國都有設置網路基地台資料庫，使人民可以隨時查閱和自己居住、工作環境附近的基地台位址及射頻電磁波風險相關的資訊。

英國：基地台資訊公開、透明

英國國家通訊管理局以網站提供全國基地台位置的資訊，英國電信業者協會主動參與社區風險溝通，英國公共衛生署與學術界密切合作，提出基地台射頻電磁波與手機長期使用者健康風險的評估報告和建議，使民眾能知道基地台在哪裡，射頻電磁波對健康的風險，經由透明、開放的過程才能有效降低民眾的恐慌和疑慮，並有適度的警覺。

同時，網路查詢系統提供查詢英國各地所有不同頻率及技術的手機基地台，包括室內台、室外屋頂台、融入街景如路燈桿、獨立或共構共站或附掛於電力塔、廣播塔等，還有基地台位置座標、使用頻率、發射功率、天線高度及執照類別等資訊也都能查到。

這網站系統可用郵遞區號或住址查詢，也有像 Google 地圖平移、放大、縮小等介面操作功能，很方便的能找出住家附近的基地台。網站資料庫還提供相關流行病學研究、學術研究和統計等電子檔供大眾下載，以透明、公開消除大眾的疑慮。

英國 MOA 等五家行動通信業者於 2001 年還積極作出基地台建站 10 項承諾，使行動通信網路建設過程透明化。承諾包

括：（1）與社區溝通。（2）詳細提供諮詢予規劃者。（3）
盡量共構共站。（4）成立電信技術工作坊。（5）提供制式文
件。（6）持續追蹤。（7）資訊公開。（8）保證符合國際暴
露規範。（9）專人回應。（10）贊助健康研究（王瑞琦，英國「電
磁波風險溝通公私協力合作典範」之研究，2013）。

德國、日本：主動積極與民眾溝通

德國聯邦輻射防制署（BFS）認為射頻電磁波對人體的影響，
在非熱效應部分的研究非常有限，但因手機的發展造成受射頻
電磁波影響的人增加非常多，因此建議人們應減少射頻電磁波
暴露的次數，即減少手機的使用次數與時間，並應公開資訊，
和民眾充分溝通，且要主動投入射頻電磁波影響的研究。

2002 年 德 國 環 境 部（BMU）與 德 國 聯 邦 輻 射 防 制 署
（BFS）進行一項為期 6 年、1,700 萬歐元的手機電磁波
研究計畫（DMF），總經費的一半由電信業者提供，但為
確保研究的中立客觀，電信業者無法參與研究進行與考核
（王毓正，《遠離電磁輻射公害電子報》第 20 期，2009，3）。

日本以往每年都有 1,000 多件陳情手機基地台電磁波影響健
康的案件，這些案件都由總務省、DoCoMo 公司、日本電磁界
情報中心（2006 年成立之中立民間團體）及其地方組織受理，
有專人及專線解說電磁波相關知識、健康風險等，以世界衛生
組織（WHO）及日本研究機構的相關研究成果說明，使陳情
民眾了解電磁波影響的正確資訊，以充分的耐心溝通，解決民
眾的問題（李俊信、王珠麗，《極低頻電磁場暴露健康風險評估與風險溝通策略
之研究》，2012）。

台灣：資訊封閉、拒絕風險溝通

台灣的電信業者面對基地台的設置和抗爭，並沒有充分進行風險溝通，讓受影響的民眾充分了解相關資訊，以降低恐慌，反而處處掩蓋，希望民眾不要知道基地台的位置，電信業者的傳統觀念總認為，公開基地台的位置會引來更多不理性的抗爭，也因此有些小型基地台就藏身在公寓大廈中，因大家看不見而不知道。

總之，世界先進國家對手機基地台射頻電磁波可能的風險，在歐洲許多國家的公部門認為，就是要基地台的位置、射頻電磁波功率等所有資訊越公開透明越好，和附近居民的風險溝通越多，才能減少附近居民的疑慮。封閉的資訊和拒絕風險溝通才是製造恐慌的大敵。

電信公司基地台。

基地台、3C、Wi-Fi、無線電話，防護有訣竅

訣竅 ❶ 基地台的影響和防護

手機本身最低通話啟用值只要 0.00002 μ w/m^2（微瓦／平方公尺），這數值雖然很低，但基地台為了延伸更遠的傳訊區域，使用較強的發射功率，也常會造成附近居民陷入高劑量射頻電磁波的風險中（見 160 頁）。

現在的基地台射頻發射器有單向或全方位等多種型態，有的設在山坡上、農田中、高樓建築物樓頂、路邊及大廈房間內等，也有設在輸電線塔上的行動通信基地塔等。

由於射頻電磁波易受到屏蔽，如果家中測得較高的射頻輻射值，則可再從各窗戶作測量，測量值高的窗戶可用含金屬材質的窗簾、金屬板或遮雨棚等屏蔽，以阻擋射頻電磁波進入。

為了保護自身的健康，買屋、租屋前也應作電磁波檢測，以確保環境中的電磁波是安全的。尤其是電磁輻射過敏者更應該留意電磁輻射的環境安全。

不得已面對射頻電磁波設施的自保撇步

對民間業者設置的行動電話基地台，射頻電磁波若輻射劑量過強，受害者可向該地縣市政府的「公害糾紛調解委員會」申請調解，以「公害糾紛處理辦法」處理。

對氣象局等大型雷達站射頻發射源進入，要及早組自救會，同時請民意代表協助抗爭，向地方及中央政府相關單位陳情、抗議，蒐集相關射頻電磁波強度數據，及受害者的狀況，作為開協調會、說明會或公聽會的依據，要求政府相關單位儘速遷移。

訣竅 ❷ 3C 產品的影響和防護

行動電話只要一開機，就會接收基地台發射的射頻電磁波，並且維持彼此之間訊號的聯結，除非脫離基地台訊號可到達的範圍外、受到屏蔽阻擋或手機關機，才會終止兩者間的訊號連結。當然，這些訊號的連結發出的射頻電磁波通常很弱，但也不宜長時間接近頭部。

比利時政府在「聯邦公共服務：健康、食品安全與環境」的網站中說明，2014 年 3 月禁止銷售專門為 7 歲以下兒童製造的手機，且所有手機銷售場所（包括網站）須標明手機的電磁波吸收輻射率 SAR 值，以作為預防手段，因為世界衛生組織國際癌症研究署於 2011 年將射頻電磁波列為「2B 級可能致癌物」，在學界獲得明確的科學結論前，必須採取使用戶注意的預防措施。

根據研究，手機在接到來電時電磁波的強度最大，特別在鈴響前 2 秒和鈴響後 2 秒之間的電磁波最強，比通話時的電磁波強度高出數倍。手機開機和關機時，也是電磁波最強的時候。

　　有的人正在使用電腦時，手機鈴聲響起之前，電腦螢幕就
受到電磁波干擾而不斷跳動，但接通電話開始通話時，電腦
螢幕又恢復平穩。因而，手機電磁波最強的時候為鈴聲聲起
前和接電話後的這段短暫的時間。

手機測量舉例

（單位：μw/m²）

手機使用	射頻測量值
開機時	400~500
通話前鈴響時	100~400
接通時	2,000~6,000
通話過程	200~700
關機時	700~800
2G 使用中	200~500
3G 使用中	1,000~3,000
4G 使用中	5,000~7,000

鈴響前 2 秒和鈴響後 2 秒
之間的電磁波，比通話時
的電磁波強度高出數倍！

電磁波小講堂

基地台和手機之間的矛盾課題

台大醫院許立民醫師説，重度使用手機者得神經膠質瘤的機率會多 40%，這是確定的事，我們應該讓基地台變少，但是如果基地台變少，手機會發訊號給基地台，就會變得比較強，用的人風險就較大。

因此，基地台的密度要如何，是我們要求不要建基地台必須考慮的因素之一，因為射頻有兩個來源，一個是基地台發射出來，一個是手機要去抓訊號，基地台的密度低時，手機發出的訊號會更強，這問題要更細緻的去討論，當基地台越密集時，你生活空中平均的射頻電磁輻射會不會提升，而基地台密度小時，是不是你手機發射的訊號會變強，但環境中的平均值是下降的；基地台很密集，接電話的電磁波強度變小，但環境中的射頻電磁波平均值變大，這中間要如何衡量，還真是一個矛盾的課題。

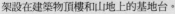
架設在建築物頂樓和山地上的基地台。

使用 3C 產品的自保撇步

拒絕手機殘害健康的 NG 行為

❶ 不要放在褲子或衣服口袋中：手機貼近男女生殖部位，因電磁輻射不斷照射，可能導致生殖能力受損，還有可能誘發精子及卵子的 DNA 病變，得特別小心。

❷ 不要掛在胸前：手機貼近心臟，電磁輻射容易引起細胞正常代謝的功能，甚至導致心臟病、內分泌不正常或女性月經失調等。

❸ 不要放在床上：手機放在床上容易貼近身體，尤其放在床頭貼近頭部更危險，長時間電磁輻射容易引起頭暈、頭痛、失眠、焦慮、影響中樞神經及產生機能障礙。

使用手機的好習慣

❶ 不要買山寨機：有品牌的手機都經過電磁輻射檢測，山寨機卻沒有檢測。

❷ 選購綠色手機：選擇吸收輻射率值較低的手機（見61頁）。手機使用免持聽筒功能。

❸ 手機貼防電磁波護膜。

❹ 在收訊不佳的地方少用手機：因為收訊不佳，手機必須發

❺ 射更高功率的電磁波才能維繫通訊，產生的射頻電磁波也越高。

❻ 減少使用手機撥打電話：手機撥打電話出去時，比接收電話時的電磁輻射強。

❼ 用耳機撥接電話：對必須經常撥接手機或長時間使用手機通話者，最好使用耳機撥接及通話，以降低電磁輻射對頭部的長期照射。

❽ 注意撥接時手機電磁輻射最強的時候：撥打手機在剛接通時，電磁波最大，因此，撥打時要先遠離頭部，等鈴聲發出第 2、3 響後再將手機拿近耳邊；接聽時也要先等鈴聲響 3、4 聲後再按接聽鍵，接通後等 2、3 秒再將手機移近耳邊，以降低電磁波影響。

❾ 使用手機時至少離身體 3 公分以上：無論用手機通話、傳簡訊、上網或下載時，都要離身體 3 公分以上，以降低電磁波影響。

❿ 以左右耳交互聽手機通話：對用手機通話時間長的使用者，單邊通話會使電磁波不斷照射，單邊負擔較重，左右耳交互輪替可減低單邊電磁輻射風險。

⓫ 盡量不要用手機當鬧鐘。

⓬ 少用手機上網及閱讀：手機螢幕小，字及圖也小，緊盯容易造成眼睛疲勞，甚至造成眼疾、眼癌等。

⓭ 不要用手機談情說愛：因為一講就會沒完沒了，會長時間受到射頻電磁波照射。

⓮ 手機電量低時不要撥接電話。

⓯ 不要在充電時通話：充電時電磁輻射較強，不宜通話。

⓰ 長話短說：先想好通話內容，縮短使用手機的時間。

⓱ 降低使用次數：芝麻小事不需使用手機通話，或將事情一
次交代完，長期下來可降低電磁波影響。

⓲ 睡覺時要關手機且遠離床頭：手機在開啟狀態就會不斷有
訊號往來，越靠近睡眠中的頭部，影響越大，手機關閉也
還有微弱訊號，放遠一點最安全。

訣竅 ❸ 無線網路分享器的影響和防護

現在已有許多公共場所（如車站等）、便利商店、餐廳、
旅館、咖啡廳等提供 Wi-Fi 無線上網，住家中也有很多人使用
無線上網，這些網路分享功能通常經由有線（有線電視線、電
話線、固網主幹道或光纖）再接至網路分享器（路由器），使
分享器周邊附近的手機、平板電腦、筆電及一般電腦等使用者
可以無線上網。

使用手機時至少離身體3公分以上，
以降低電磁波影響。

以左右耳交互聽手機通話，可減低
單邊電磁輻射風險。

這些無線網路分享器會不斷發出看不見、摸不著的射頻電磁波，Wi-Fi 發射的電磁波為 2.4 GHz 射頻電磁波，功率小，範圍有限，Wi-Fi 因射頻電磁波傳播的特性，容易被建築物和樹木影響，造成信號反射，因此不適合遠距離傳輸，但是，如果長時間太靠近這些發射源，當然會受到強烈的照射而有健康風險。

家中如有裝置無線網路分享器，開啟時射頻電磁輻射就會源源不斷的從分享器的天線發射出去，射頻的劑量會由近而遠迅速衰減，射頻強度也會被家具或電器等阻擋而降低。若屋內其他桌上型電腦、筆電或平板電腦使用無線網路，就會和無線網路分享器以射頻互通，在使用中的電腦前方及周邊射頻也會升高，電腦若處於使用中但沒有啟動網路，仍會有射頻和無線網路分享器維持弱連結，直到電腦關閉時才會中斷和無線網路的連結。若能使用有線網路當然最好。

使用無線網卡天線也要和人保持一定距離，以免從天線發射的高劑量射頻造成長期使用者的風險。

使用無線網路分享器的自保撇步

拒絕無線網路分享器殘害健康的 NG 行為

❶ 裝置後不要任意調高發射功率，以減低射頻輻射的劑量。

❷ 不要放在房間內，更不能放在床邊或床頭。因為睡覺時沒關閉的射頻電磁波，也會不斷照你的身體及頭部。

使用無線網路分享器的好習慣

❶ 選購無線網路分享器必須要有國家通訊傳播委員會認證。

❷ 和人的距離最好維持 3 公尺以上。

❸ 長時間不用最好先關閉。

❹ 晚上睡覺前一定要關閉。

❺ 最好擺在較高處，如此可增加覆蓋面，又可離人停留、活動的地方稍遠，並降低接受射頻的劑量。

訣竅❹ 無線電話的影響和防護

　　使用無線電話會產生射頻電磁波，雖然可以帶著電話到處走到處講很方便，但電話聽筒和基座都會產生射頻，尤其基座的射頻電磁波很強，必須小心提防。建議多使用有線電話，就可避免射頻電磁波可能造成的不確定影響。

使用無線電話的自保撇步

拒絕無線電話殘害健康的 NG 行為

❶ 無線電話基座不要放在床頭或床邊。

❷ 無線電話不要放在床頭或床邊。

使用無線電話的好習慣

❶ 長時期活動空間要和無線電話基座保持一定的距離。

❷ 減少通話時間及使用頻率，以降低射頻電磁波影響。

參考資料

- 陳椒華，《對抗電磁輻射公害之路》，台灣電磁輻射公害防治協會，2008。
- 《電磁輻射公害防治手冊》，台灣電磁輻射公害防治協會。
- 余君岳、關祖杰，《輻射與人體健康》，理藝出版社，1994。
- 愛偷‧蘇格門（Ellen Sugarman），《向微波、電磁波說不》，琉璃光出版股份有限公司，2003。
- 馬丁‧布藍克博士（Martin Blank Ph.D），《電磁波的真相》，台灣商務印書股份有限公司，2015。
- 金忠孝，《致病的吸引力—電磁波》，安立出版社，2000。
- 王瑞琦，英國「電磁波風險溝通公私協力合作典範」之研究，2013。
- 李俊信、王珠麗，《極低頻電磁場暴露健康風險評估與風險溝通策略之研究》，2012。
- 江守山，《別讓房子謀殺你的健康》，新自然主義，2008。
- 林鵬展醫師，國立成功大學附設醫院血液腫瘤科，〈電磁波會造成癌症嗎？〉，癌症新探 57 期，2011 年 12 月。
- 林杰樑〈游離輻射的健康影響〉。
- 侯邦為〈手機電磁波的研討及解決〉，成大校刊。
- 《職業環境醫學雜誌》，2006：63：307-313。
- 《職業環境醫學雜誌》，2007：64（9）：626-632。
- 遠離電磁輻射公害電子報，第 20 期。
- W.G. Buckman 著，華杜仁譯，《應用物理學》，科技圖書股份有限公司，1991。
- 國際大型統合電磁輻射健康風險研究報告，第 10 章第 2 節，2007。
- 黃俊源，《風險溝通》，2010。
- 台灣電磁輻射公害防治協會網站。
- 環保署網站。

- 衛生福利部國民健康署網站。
- 台灣電信產業發展協會網站。
- 國民健康局社區健康組網站。
- NCC(國家通訊傳播委員會)網站。
- 行政院環境保護署／環保業務／環訓所／訓練資料分享／環境中非游離輻射檢測人員訓練／非游離輻射概論（http://www.epa.gov.tw/FileDownload/FileHandler.ashx?FLID=7823）。
- 台灣環境保護聯盟網站。
- 台灣 4GLTE 小常識，頻段篇（700/900/1800MHz）。
- 維基百科網頁：生物危害、電磁波、WI-FI。
- 〈電磁波與癌症〉，圖書館專業網站（http://www.library.com.tw/emf/cancer.htm）。
- 李中一，「極低頻電磁－磁場之人類致癌效應 - 回顧近期之流行病學文獻」，中華職業醫學雜誌，7(2):57-70，2000。
- Medical News Today , September15 , 2004。
- http://www.wretch.cc/blog/ponypony888
- http://www.quartz-emc.com.tw/news02.html
- 台電網頁 http://www.taipower.com.tw/left_bar/QnA/Electromagnetic_field2.htm
- http://apex0818.pixnet.net/blog/post/200747386-%E6%99%BA%E6%85%A7%E6%89%8B%E6%A9%9F%E4%BD%BF%E7%94%A8%E7%9A%84%E6%B3%A8%E6%84%8F%E4%BA%8B%E9%A0%85
- http://conf.iaq.org.tw/Tech01.asp?id=2&kw=&kind=Copyright of Indoor Air Quality. 2004, All Rights Reserved.
- http://163.25.89.40/yun-ju/CGUWeb/SciKnow/PhyNews/EMWaveRadiation.htm#A
- http://icon.cc/mkk-channel-14-ap.png

- http://icon.cc/mkk-channel-14-lan-card.png

- http://www.moxiecorp.com.tw/htmfiles/y_shield_cases_new_04.html

- http://www.moxiecorp.com.tw/htmfiles/y_shield_cases_new_02.html

- Chung-Yi Li, Gilles Theriault, and Ruey S. Lin, "Residential Exposure to 60-Hertz Magnetic Fields and Adult Cancers in Taiwan," Epidemiology, Vol. 8, Number 1, January 1997.

- S. Amy Sage (USA), Bioinitiative Report: A Rationale for a Biologically-based Public Exposure Standard for Electromagnetic Fields (ELF and RF), August 31, 2007.

- Anke Huss, Adrian Spoerrl, Mathias Egger, and Martin Roosll, "Residence Near Power Lines and Mortality From Neurodegenerative Diseases: Longitudinal Study of the Swiss Population," American Journal of Epidemiology, Vol. 169, No. 2, November 5, 2008.

- LM Green, AB Miller, PJ Villeneuve, DA Agnew, ML Greenberg, J. Li and KE Donnelly, "A Case-control Study of Childhood Leukemia in Southern Ontario Cnanda and Exposure to Magnetic Fields in Residence," International Journal of Cancer, Vol. 82, pp. 161-170, 1999.

- Medical News Today, September 15, 2004. (www.medicalnewstoday.com)

- Mizoue T., Onoe Y., Moritake H., Okamure J., Sokejima S., Nitta H. "Residential Proximity to High Voltage Pawer Lines and Risk of Childhood Hematologial Malignancies," Journal of Epidemiology, Vol. 14. Issue 4, July 2004.

- World Health Organization, ELF Health Criteria Monograph. Neurodegenerative Disorders, Page 187. 2007.

  Samuel Milham, Dirty Electricity, Bloomington, IN: iUniverse, Inc. 2012.

- Nancy Wertheimer and Ed Leeper, "Electrical Wiring Configurations and Childhood Cancer," American Journal of Epidemiology, Vol. 109, No.3, 1979.

附錄

台灣各地變電所一覽表　　資料來源：台灣電力公司

北部（註：P/S 一次變電所　S/S 二次變電所　D/S 一次配電變電所）

區域	變電所名稱	所在地
台北市	台北 P/S	台北市文山區景隆街
	建國 D/S	台北市建國南路 1 段
	南海 D/S	台北市南昌路 1 段
	中正 D/S	台北市愛國東路
	常德 D/S	台北市仁愛路 1 段
	基信 D/S	台北市忠孝東路 5 段
	三張 D/S	台北市光復南路
	大安 P/S	台北市大安路
	城中 P/S	台北市長沙街
	松山 P/S	台北市塔悠路
	世貿 D/S	台北市松智路
	虎林 D/S	台北市松德路
	華陰 D/S	台北市華陰街
	臥龍 D/S	台北市基隆路
	成都 D/S	台北市成都路
	大直 D/S	台北市中山區北安路
	西湖 D/S	台北市內湖區堤頂大道
	民權 D/S	台北市民權東路
	北資 D/S	台北市南港區港東街
	週美 D/S	台北市內湖區行愛路
	大同 P/S	台北市大同區老師里 16 鄰延平北路四段
	長春 D/S	台北市中山區長春路
	敦化 D/S	台北市中山區南京東路三段
	民生 D/S	台北市松山區延壽街
	榮星 D/S	台北市中山區建國北路三段

區域	變電所名稱	所在地
台北市	中崙 D/S	台北市松山區南京東路四段
	週美 D/S	台北市內湖區行愛路
	青年 D/S	台北市萬華區中華路
	仙渡 E/S	台北市北投區立德路
	陽明 P/S	台北市北投區行義路
	百齡 D/S	台北市通河東街二段
	蘭雅 D/S	台北市士林區士東路
	龍峒 S/S	台北市迪化街 2 段 364 巷
	中山 S/S	台北市林森北路 399 巷
	建成 S/S	台北市太原路
	古亭 S/S	台北市南昌路 2 段
	萬華 S/S	台北市大理街 160 巷 26 弄
	興雅 S/S	台北市永吉路
	農安 S/S	台北市農安街
	六張 S/S	台北市基隆路 3 段
	四平 S/S	台北市四平街
	撫遠 S/S	台北市塔悠街
新北市	板臨 S/S	新北市土城區金城路三段
	江翠 S/S	新北市板橋區雙十路三段
	土城 S/S	新北市土城區永寧路
	埔墘 S/S	新北市板橋區三民路二段
	安康 S/S	新北市新店區安豐路
	深坑 S/S	新北市深坑區北深路二段
	桶后 S/S	新北市烏來區桶后村 28 巷
	淡水 S/S	新北市淡水區英專路 122 巷
	淡興 S/S	新北市淡水區淡金路 2 段
	興仁 S/S	新北市淡水區興仁路
	新莊 S/S	新北市新莊區新莊路
	西盛 S/S	新北市新莊區新樹路
	自強 S/S	新北市三重區自強路 4 段
	灰瑤 S/S	新北市蘆洲區永平路 32 巷 69 弄
	樹安 S/S	新北市樹林區大安路

區域	變電所名稱	所在地
新北市	七張 D/S	新北市新店區寶橋路
	八連 D/S	新北市汐止區南陽路
	茄苳 D/S	新北市汐止區茄苳路
	橋東 D/S	新北市汐止區建成路
	汐止 E/S	新北市汐止區八連路
	板橋 E/S	新北市土城區延吉街
	板橋 P/S	新北市土城區金城路三段
	信南 D/S	新北市中和區和平街
	新民臨 D/S	新北市板橋區新站前
	迴龍 D/S	新北市泰山區壽山路
	澳底 D/S	新北市貢寮區美豐里 3 鄰丹裡街
	蘆洲 P/S	新北市蘆洲區信義路
	宏安 D/S	新北市泰山區鄉義仁村 30 鄰文程路
	興珍 D/S	新北市五股區興珍村 1 鄰五權路
	福營 D/S	新北市新莊區市福營路 19 鄰
	化成 D/S	新北市新莊區市化成里 13 鄰化成路
	重新 D/S	新北市三重區市菜寮里 18 鄰光明路
	柑園 D/S	新北市三峽區學成路
	隆恩 D/S	新北市三峽區隆恩街
	板城 D/S	新北市土城市中央路一段
	樹德 P/S	新北市樹林區中正路
	樹林 D/S	新北市樹林區備前街
	社后 D/S	新北市板橋區新海路
	頂埔 D/S	新北市土城區中興路
	景星 D/S	新北市板橋區四川路一段
	介壽 D/S	新北市三峽區介壽路一段
	南港 P/S	新北市汐止市大同路一段
	深澳臨 D/S	新北市瑞芳區台電新村
	深美 E/S	新北市深坑區北深路
	大豐 D/S	新北市新店區建國路
	秀朗 D/S	新北市永和區秀朗路
	坪林 D/S	新北市坪林區水柳腳
	東林 P/S	新北市林口區工二區工四路

區域	變電所名稱	所在地
新北市	二重 D/S	新北市三重市中興北街
	沙崙 D/S	新北市淡水區新市二路二段
	泰山 D/S	新北市泰山區明志路一段
	中幅 S/S	新北市萬里區中幅路
	菁桐 S/S	新北市平溪區雙菁路
	瑞芳 S/S	新北市瑞芳區明燈路1段45巷
	雙溪 S/S	新北市雙溪區中正路
	永和 S/S	新北市永和區豫溪街
	中和 S/S	新北市中和區南工路
基隆市	八堵 P/S	基隆市七堵區八德里
	光明 D/S	基隆市中正區北寧路
	基隆 S/S	基隆市仁二路
	北祥 S/S	基隆市中正路
	安樂 S/S	基隆市西定路
	仙洞 S/S	基隆市中山三路103巷
	六堵 S/S	基隆市工建路
	暖暖 S/S	基隆市水源路1巷
	外港 S/S	基隆市光華路
	武崙 S/S	基隆市武訓街
桃園市	頂湖 E/S	桃園市龜山區大華村頂湖路
	蘆竹 P/S	桃園市蘆竹區海山路
	林中 D/S	桃園市龜山區樂善村文化一路
	樂善 D/S	桃園市龜山區華亞一路
	坪頂 D/S	桃園市龜山區忠義路
	南崁 D/S	桃園市蘆竹區南山路
	長安 D/S	桃園市蘆竹區南工路
	南興 D/S	桃園市蘆竹區南竹路
	福海 D/S	桃園市大園區航翔路1號
	中壢 P/S	桃園市中壢區合定路
	忠福 D/S	桃園市中壢區吉林路
	興國 D/S	桃園市中壢區新生路
	宋屋 D/S	桃園市平鎮區延平路
	中大 D/S	桃園市中壢區三民里中正路

區域	變電所名稱	所在地
桃園市	武陵 D/S	桃園市桃園區龍壽街
	自立 D/S	桃園市中壢區南園二路
	五權 D/S	桃園市大園區橫峰村 26 鄰領航北路
	龍潭 E/S	桃園市龍潭區高原村中原路
	聖亭 D/S	桃園市龍潭區八德村龍科街
	龍顯 D/S	桃園市龍潭區三和村新和路
	東社 D/S	桃園市平鎮區東勢里 11 鄰東勢段
	中豐 D/S	桃園市平鎮區新貴里 4 鄰中豐路
	松樹 P/S	桃園市大溪區仁善松樹
	桃園 D/S	桃園市桃園區桃鶯路
	青溪 D/S	桃園市桃園區三民路
	高揚 D/S	桃園市龍潭區高平村 14 鄰高揚北路
	瑞源 D/S	桃園市大溪區石園路
	鳳鳴 D/S	桃園市桃園區興邦路
	觀音 P/S	桃園市觀音區富源村
	白玉 D/S	桃園市桃觀音區樹林村 15 鄰成功路
	榮成 D/S	桃園市觀音區成功路
	楊梅 D/S	桃園市楊梅區自立街
	富岡 D/S	桃園市楊梅區民富路
	保生 D/S	桃園市竹南區頂埔里
	塘尾 D/S	桃園市觀音區桃科 2 路
	長發 D/S	桃園市大園區南港村文興街
	大華 S/S	桃園市蘆竹區大竹村大新路
	大湳 S/S	桃園市八德區富榮街
	中工 S/S	桃園市中壢區中壢工業區東園路
	內壢 S/S	桃園市中壢區興仁里十三鄰仁美
	平鎮 S/S	桃園市平鎮區平鎮工業區工業五路
	幼獅 S/S	桃園市楊梅區青山里獅二路
	大園 S/S	桃園市大園區大園工業區大同街
	田心 S/S	桃園市大園區大觀路
	佳安 S/S	桃園市龍潭區佳安村十一份
	東埔 S/S	桃園市桃園區力行路
	南臨 S/S	桃園市蘆竹區南山路三段
	草漯 S/S	桃園市觀音區觀音工業區成功路二段

區域	變電所名稱	所在地
桃園市	高榮 S/S	桃園市楊梅區高獅路
	笨港 S/S	桃園市新屋區笨港村榕樹下 6 鄰
	普仁 S/S	桃園市中壢區後興路二段
	新屋 S/S	桃園市新屋區平均村
	過嶺 S/S	桃園市中壢區過嶺里 4 鄰
	榮華 S/S	桃園市復興區羅浮村斷匯
	福安 S/S	桃園市大溪區復興路一段
	廣興 S/S	桃園市八德區建國路
	嶺頂 S/S	桃園市龜山區茶專路
	汴園 S/S	桃園市桃園區鹽庫街
新竹縣	新竹 P/S	新竹市光復路
	龍松 D/S	新竹市科學園區力行一路
	龍明 D/S	新竹市創新一路
	龍山 D/S	新竹市科學園工業東二路
	公園 D/S	新竹市公園里南大路
	潭後 D/S	新竹市新光路
	龍梅 D/S	新竹市科學園區力行四路
	朝山 D/S	新竹市香山區中華路
	福林 S/S	新竹市中正路
	公園 S/S	新竹市南大路
	香山 S/S	新竹市中華路 4 段 451 巷
	南勢 S/S	新竹市牛埔路
	港南 S/S	新竹市延平路二段
	竹工 E/S	新竹縣湖口鄉長安村 11 鄰八德路
	梅湖 P/S	新竹縣湖口鄉湖口村
	新工 D/S	新竹縣湖口鄉鳳凰村仁興路
	隘口 D/S	新竹縣竹北市隘口里興隆路
	六家 D/S	新竹縣竹北市自強一路
	湖北 D/S	新竹縣湖口鄉光復北路
	新崙 D/S	新竹縣新豐鄉中崙村
	峨眉 E/S	新竹縣峨眉鄉富興村
	峨眉 D/S	新竹縣峨眉鄉富興村富興路
	龍秀 P/S	新竹縣寶山鄉科學園區研新一路

區域	變電所名稱	所在地
新竹縣	龍水 S/S	新竹縣竹東鎮中興路 4 段
	竹東 S/S	新竹縣竹東鎮中豐路 1 段
	五華 S/S	新竹縣橫山鄉大肚村大肚
	尖石 S/S	新竹縣尖石鄉義興村
	竹北 S/S	新竹縣竹北市中山路
	湖口 S/S	新竹縣湖口鄉中勢村達生路
	湖工 S/S	新竹縣湖口鄉鳳凰村 22 鄰工業三路
	新埔 S/S	新竹縣新埔鎮旱坑里 18 鄰義民路一段
	關西 S/S	新竹縣關西鎮中豐路二段
	新工 S/S	新竹縣湖口鄉工業區文化路
	松林 S/S	新竹縣新豐鄉松林村康和路

中部（註：P/S 一次變電所　S/S 二次變電所　D/S 一次配電變電所）

區域	變電所名稱	所在地
苗栗縣	南湖 P/S	苗栗縣頭份興埔街
	苗栗 P/S	苗栗縣苗栗市福星里
	頂園 D/S	苗栗縣竹南鎮頂埔里
	糖科 D/S	苗栗縣竹南鎮（竹科竹南基地）
	山佳 D/S	苗栗縣竹南鎮山佳里
	營盤 D/S	苗栗縣竹南鎮新生路
	蟠桃 D/S	苗栗縣頭份鎮信東路
	頭份 P/S	苗栗縣頭份鎮民族路
	房裡 D/S	苗栗縣苑裡鎮房理里
	銅中 P/S	苗栗縣銅鑼鄉中平村
	霄南 S/S	苗栗縣通霄鎮五北里
	苑裡 S/S	苗栗縣苑裡鎮福田里五鄰
	三工 S/S	苗栗縣三義鄉西湖村伯公坑
	三義 S/S	苗栗縣三義鄉廣盛村中正路
	銅鑼 S/S	苗栗縣銅鑼鄉銅鑼村新興路
	中苗 S/S	苗栗縣苗栗市中苗里中正路

區域	變電所名稱	所在地
苗栗縣	南苗 S/S	苗栗縣苗栗市勝利里國富路
	後龍 S/S	苗栗縣後龍鎮北龍里中華路
	福德 S/S	苗栗縣公館鄉福德村
	銅平 S/S	苗栗縣銅鑼鄉中正村一四鄰中興一街
	錦水 S/S	苗栗縣造橋鄉大西村二坪四鄰
	田美 S/S	苗栗縣南庄鄉獅山村田美
	公館 S/S	苗栗縣竹南鎮公館里六鄰公館仔
	竹南 S/S	苗栗縣頭份鎮民族路
	大埔 S/S	苗栗縣竹南鎮大埔里公義路
台中市	黎明 D/S	台中市朝貴路
	豐樂 D/S	台中市南屯區永春東路
	豐原 D/S	台中市豐原區中正路
	大雅 D/S	台中市大雅區雅潭路
	上城 D/S	台中市東勢區東關路
	中科 E/S	台中市中科園區科固路
	機科 D/S	台中市南屯區精料中路
	后里 E/S	台中市后里區永興路
	國安 D/S	台中市西屯區西屯路 3 段
	航太 D/S	台中市大雅區科雅東路
	工甲 D/S	台中市台中工業區 30 路
	明秀 D/S	台中市沙鹿區南陽路
	上城 D/S	台中市東勢區東關路
	中清 P/S	台中市清水區臨海路
	工乙 D/S	台中市台中工業區 37 路
	潭南 D/S	台中市潭子區豐興路 l 段
	塗城 D/S	台中市太平區工業 20 路
	學田 D/S	台中市烏日區學田路
	中西 D/S	台中市西屯路 l 段
	港工 D/S	台中市梧棲區緯一路
	烏日 D/S	台中市烏日區長春街
	昌平 D/S	台中市北區豐樂一街
	翁子 P/S	台中市豐原區豐年路

區域	變電所名稱	所在地
台中市	十甲 D/S	台中市東區東英十街
	外埔 D/S	台中市外埔區三段路
	英才 D/S	台中市英才路
	南屯 D/S	台中市西區美村路一段
	潭寶 D/S	台中市潭子區崇德路四段
	北柳 D/S	台中市霧峰區霧工七路
	中港 E/S	台中市龍井區新莊村
	中沙 D/S	台中市梧棲區中華路
	德義 D/S	台中市國光路
	太平 D/S	台中市太平區新平路二段
	忠明 D/S	台中市東興路三段
	中市 P/S	台中市南屯區永春路
	海尾 D/S	台中市龍井區海尾路
	文心 D/S	台中市北屯區北屯路
	新社 D/S	台中市新社區興社街
	霧峰 E/S	台中市霧峰區民生路
	建平 D/S	台中市太平區鵬儀路
	中華 D/S	台中市中華路一段
	水湳 D/S	台中市文心路三段
	日南 S/S	台中市大甲區日南里幼獅工業區幼五路
	北屯 S/S	台中市文心路四段
	自由 S/S	台中市中區自由路二段
	東勢 S/S	台中市東勢區中新街西新巷
	后豐 S/S	台中市后里區三豐路
	中區 S/S	台中市自由路
	潭子 S/S	台中市潭子區中山路二段
	栗林 S/S	台中市潭子區中山路三段 305 巷
	豐二 S/S	台中市豐原區水源路
	神岡 S/S	台中市神岡區中山路
	台中 S/S	台中市雙十路二段
	西屯 S/S	台中市文革路
	嶺東 S/S	台中市工業區五路
	清泉 S/S	台中市清水區光華路
	東海 S/S	台中市工業區一路

區域	變電所名稱	所在地
台中市	瑞峰 S/S	台中市工業區十二路
	梧棲 S/S	台中市清水區中橫十五路
	大甲 S/S	台中市大甲區中山路一段
	關連 S/S	台中市梧棲區自強路
	玉田 S/S	台中市大肚區中和村中山路
	龍泉 S/S	台中市龍井區沙田路五段
	中東 S/S	台中市育英路
	國中 S/S	台中市大里區國中路
	大里 S/S	台中市大里區國中路
	九德 S/S	台中市烏日區中山路和平巷
	大肚 S/S	台中市大肚區文昌路
	沙鹿 S/S	台中市沙鹿區七賢路
	仁化 S/S	台中市大里區仁化里仁化路 290 巷
	萬豐 S/S	台中市霧峰區美口里中正路
雲林縣	虎菁 D/S	雲林縣虎尾鎮新生路
	虎科 D/S	雲林縣虎尾鎮科虎三路
	雲林 P/S	雲林縣斗六鎮久安里永興路
	榴中 D/S	雲林縣斗六市復興路
	斗工 D/S	雲林縣斗六市斗工八路
	斗六 D/S	雲林縣斗六市保長路
	北港 P/S	雲林縣水林鄉土厝村
	台西 D/S	雲林縣台西鄉中央路
	北勢 D/S	雲林縣斗六市科工七路
	四湖 D/S	雲林縣四湖鄉三姓村中興路
	斗南 D/S	雲林縣斗南鎮延平路
	大美 S/S	雲林縣莿桐鄉大美村大美
	濁水 S/S	雲林縣林內鄉烏塗村
	古坑 SIS	雲林縣古坑鄉南仔村南仔
	豐田 S/S	雲林縣大埤鄉嘉興村嘉興東路
	西螺 S/S	雲林縣西螺鎮社口路
	崙背 S/S	雲林縣崙背鄉東明村南昌路
	橋村 S/S	雲林縣麥寮鄉崙後村沙崙後
	土庫 S/S	雲林縣土庫鎮西平里馬光路
	東北 S/S	雲林縣東勢鄉東北村東勢東路

區域	變電所名稱	所在地
雲林縣	元長 S/S	雲林縣元長鄉頂寮村中坑路
	口湖 S/S	雲林縣口湖鄉湖東村文明路
	水林 S/S	雲林縣水林鄉川員興村戶員興路
	雲港 S/S	雲林縣北巷鎮樹腳里大同路
南投縣	茄苳 D/S	南技縣草屯鎮石川路
	投中 D/S	南投縣南技市民族路
	中寮 E/S	南投縣中寮鄉復興村復興巷
	九峰 D/S	南投縣草屯鎮平峰路
	埔里 P/S	南技縣埔里鎮隆光路
	藍城 D/S	南技縣埔里鎮中正路
	南投 E/S	南投縣名間鄉吾有下村鹿鳴巷
	草屯 S/S	南投縣草屯鎮明正里芬草路
	南崗 S/S	南投縣南投市永豐里南崗三路
	崗二 S/S	南技縣南投市平山里仁和路
	投臨 S/S	南技縣南投市三興里民族路
	中興 S/S	南投縣南投市中興新村中正路
	名間 S/S	南技縣名間鄉濁水村員集路
	竹山 S/S	南投縣竹山鎮廷和里廷和巷
	水裡 S/S	南投縣水里鄉主巨工村民生路
	魚池 S/S	南投縣魚池榔魚池村秀水巷
	水社 S/S	南投縣魚池鄉水社村中山路
	北山 S/S	南技縣國姓鄉北山村中正路四段
彰化縣	福興 D/S	彰化縣福興鄉彰鹿路
	彰化 P/S	彰化縣秀水鄉彰秀路
	田中 D/S	彰化縣田中鎮新酪路
	漢寶 D/S	彰化縣芳苑鄉芳莫路
	全興 E/S	彰化縣伸港鄉全興工業區工東二路
	草港 D/S	彰化鹿港鎮鹿草路五段
	員東 D/S	彰化縣員林鎮山腳路
	彰新 D/S	彰化市彰新路一段
	鹿東 D/S	彰化縣鹿港鎮彰濱工業區工業東三路
	鹿西 D/S	彰化縣鹿港鎮彰濱工業區鹿工南七路

區域	變電所名稱	所在地
彰化縣	大霞 D/S	彰化縣和美鎮彰和路
	員林 D/S	彰化縣員林鎮中山路
	花壇 D/S	彰化縣花壇鄉彰員路
	彰濱 E/S	彰化縣線西鄉彰濱工業區彰濱東三路
	線西 D/S	彰化縣線西鄉彰濱工業區彰濱西五路
	彰林 E/S	彰化縣埤頭鄉沙崙路
	鹿港 S/S	彰化縣鹿港鎮復興路
	員南 S/S	彰化縣員林鎮田中央巷
	溪洲 S/S	彰化縣美州鄉中山路二段
	二水 S/S	彰化縣田中鎮大安路三段
	北斗 S/S	彰化縣北斗鎮中山路二段
	草湖 S/S	彰化縣芳苑鄉草莫路一段
	溪湖 S/S	彰化縣巢湖鎮員鹿路二段
	彰南 S/S	彰化縣彰化市中山路一段
	彰西 S/S	彰化縣彰化市線東路一段
	大村 S/S	彰化縣花壇鄉中山路一段
	芳苑 S/S	彰化縣芳苑鄉工區路
	福工 S/S	彰化縣福興鄉興業路
	埔鹽 S/S	彰化縣埔鹽鄉好金路
	溝墘 S/S	彰化縣鹿港鎮溝乾巷
	二林 S/S	彰化縣二林鎮正心路
	員林 S/S	彰化縣員林鎮中山路 2 段
	和美 S/S	彰化縣和美鎮和港路
	大竹 S/S	彰化縣彰化市彰南路一段
	伸港 S/S	彰化縣伸港鄉中興路
	彰東 S/S	彰化縣彰化市卦山路
	社頭 S/S	彰化縣社頭鄉員集路三段

南部（註：P/S 一次變電所　S/S 二次變電所　D/S 一次配電變電所）

區域	變電所名稱	所在地
嘉義市	仁愛 D/S	嘉義市仁愛路
	北回 D/S	嘉義市大富路
	後湖 S/S	嘉義市台林街
	博愛 S/S	嘉義市中興路
嘉義縣	嘉民 E/S	嘉義縣民雄鄉三興村
	嘉義 P/S	嘉義縣竹崎椰灣橋村
	太鐵 D/S	嘉義縣太保市崙頂里椅子頭
	糠榔 D/S	嘉義縣朴子市故宮大道
	頭橋 S/S	嘉義縣民雄鄉興南村
	秀林 S/S	嘉義縣民雄鄉北斗村
	朴子 S/S	嘉義縣朴子市平和路
	奮起 S/S	嘉義縣竹崎鄉中和村
	竹崎 S/S	嘉義縣竹崎鄉鹿滿村
	新港 S/S	嘉義縣新港鄉潭大村
	嘉太 S/S	嘉義縣太保椰北港路
	大寮 S/S	嘉義縣布袋鎮東巷里
	東石 S/S	嘉義縣東石鄉園潭村
	三和 S/S	嘉義縣大林鎮三和里
	嘉埔 S/S	嘉義縣大埔鄉茄冬村
	新塭 S/S	嘉義縣布袋鎮復興里
	民雄 S/S	嘉義縣民雄鄉寮頂村
	和睦 S/S	嘉義縣中埔鄉和美村
	水上 S/S	嘉義縣水上鄉三鎮村
台南市	龍崎 E/S	台南市龍崎區楠坑里
	山上 P/S	台南市山上區豐德里隙子口
	二甲 D/S	台南市歸仁區武東里中正南路
	台南 P/S	台南市東區仁和路
	仁德 D/S	台南市仁德區中山路
	延平 D/S	台南市南區南寧街

區域	變電所名稱	所在地
台南市	新化 D/S	台南市新區區永就村永新路
	小北 D/S	台南市北區民德路
	鹽行 D/S	台南市永康區大橋一街
	忠孝 D/S	台南市東區學明里大同路
	三竹 D/S	台南市新市胡環西路
	和順 D/S	台南市安南區館前南路
	南科 E/S	台南市善化區南科北路
	道爺 D/S	台南市新市區豐華里堤塘港路
	豐華 D/S	台南市新市區豐華里
	安南 P/S	台南市中華北路
	南濱 D/S	台南市本田街
	鹿耳 D/S	台南市安南區鹿耳里 2 鄰鹿耳一路
	新營 P/S	台南市新營區太子路
	柳營 D/S	台南市柳營區義士路
	下營 D/S	台南市下營區 16 甲
	官田 S/S	台南市官田區二鎮村工業路
	隆田 S/S	台南市官田區隆本里勝利略
	新東 S/S	台南市新營區土庫里卯舍路
	麻豆 S/S	台南市麻豆區興國路
	白河 S/S	台南市白河區新厝
	新西 S/S	台南市新營區新工路
	學甲 S/S	台南市學甲區煥昌里中正路
	永華 S/S	台南市北門區北門村舊遲
	善化 S/S	台南市善化區光文里大成路
	保安 S/S	台南市仁德區保安里民生路
	後甲 S/S	台南市東區後甲里裕農路 621 巷
	開元 S/S	台南市北區東豐路 305 巷
	歸仁 S/S	台南市歸仁區看東里中山路一段
	新市 S/S	台南市新市區永就里中山路
	光洲 S/S	台南市南區彰南里中華西路一段
	大灣 S/S	台南市永康區西灣里永大略二段
	永康 S/S	台南市永康區埔園里四維街

區域	變電所名稱	所在地
	健康 S/S	台南市南區光明里中華西路一段
	運河 S/S	台南市安平區平安里一鄰安平路
	南化 S/S	台南市南化區北寮里
	山頂 S/S	台南市山上區山上里
	安順 S/S	台南市安南區頂安里怡安路二段
	佳里 S/S	台南市佳里區六安里
	車行 S/S	台南市永康區王行里興工路
高雄市	路北 E/S	高雄市路竹區後鄉里路科九路
	路園 D/S	高雄市路竹區竹間里環球路
	嘉峰 D/S	高雄市岡山區嘉峰里興隆街
	岡工 D/S	高雄市岡山區本工西一路
	北嶺 D/S	高雄市岡山區本工西路
	竹嶺 D/S	高雄市路竹區北嶺里北嶺五路
	保定 D/S	高雄市茄荒區崎漏里正大路
	仁武 E/S	高雄市仁武區烏林里水管路
	岡山 P/S	高雄市燕巢區安招里安招路
	社武 P/S	高雄市仁武區八卦里入德二路
	仕豐 D/S	高雄市橋頭區新莊里 10 鄰橋新六路
	楠梓 D/S	高雄市楠梓區旗楠路
	加昌 D/S	高雄市楠梓加工區東二街
	九曲 D/S	高雄市大樹區竹寮里
	社灣 D/S	高雄市仁武區大灣里入德南路
	五甲 P/S	高雄市鳳山區天興街
	南工 P/S	高雄市小港區東林路
	鎮北 D/S	高雄市前鎮區成功二路
	臨海 D/S	高雄市前鎮區新都二路
	過埤 D/S	高雄市鳳山區過埤里西濱路
	中島 D/S	高雄市前鎮區環區一路
	凱旋 D/S	高雄市鳳山區武昌路
	貴陽 D/S	高雄市鳳山區家和一街
	西甲 D/S	高雄市前鎮匡正興里面甲七巷
	中加 D/S	高雄市前鎮區環區一路
	高雄 E/S	高雄市十全二路

區域	變電所名稱	所在地
高雄市	三民 D/S	高雄市市中一路
	四維 D/S	高雄市廣州一街
	同盟 D/S	高雄市同盟一路
	屏山 D/S	高雄市華夏路
	北營 D/S	高雄市世運大道
	龍子 D/S	高雄市鼓山區富農路
	內惟 D/S	高雄市九如四路
	旗山 D/S	高雄市旗山區旗南一路
	高港 E/S	高雄市大寮區鳳林二路
	林園 D/S	高雄市林園區溪洲二路
	鳳農 D/S	高雄市鳳山區中崙里中崙五路
	鳳山 D/S	高雄市鳳山區文華里文雅東街
	美山 D/S	高雄市鳥松區美山路
	民族 S/S	三民區天祥2路
	鼓山 S/S	鼓山區臨海二路
	新興 S/S	新興區開封路
	鹽埕 S/S	鹽埕區必忠街
	左營 S/S	鼓山區鼓山三路
	旗津 S/S	旗津區中洲三路297巷
	雄工 S/S	三民區大順二路
	前鎮 S/S	前鎮區中山三路
	大崗 S/S	岡山區協榮里介壽西路
	大湖 S/S	路竹區甲南里天祐路
	永安 S/S	永安區維新里永工六路
	嘉定 S/S	茄定區崎漏里民族路
	梓官 S/S	梓官區同安里大舍東路
	橋頭 S/S	橋頭區芋寮里芋林路
	蚵港 S/S	梓官區信蚵里通港路
	美濃 S/S	高雄市美濃區復興街一段
	嶺口 S/S	高雄市大樹區鐘鈴路
	仁大 S/S	高雄市仁武區仁武村鳳仁路
	仁美 S/S	高雄市鳥松區美山路102巷

區域	變電所名稱	所在地
	九曲 S/S	高雄市大樹區竹寮路
	衛武 S/S	高雄市鳳山區五甲一路
	築港 S/S	高雄市前鎮區新生路
	漁港 S/S	高雄市前鎮區金福路
	東亞 S/S	高雄市小港區港口里東亞路
	小港 S/S	高雄市小港區小港路
	源海 SIS	高雄市小港區沿海一路
	翠屏 S/S	高雄市小港區中利街
	昭明 S/S	高雄市大寮區昭明村鳳林一路
	潮寮 S/S	高雄市大寮區大發工業區苔光三街
	上寮 S/S	高雄市大寮巨大發工業區大有一街
屏東縣	瀰力 D/S	屏東縣里港鄉瀰力村農場路
	南屏 D/S	屏東縣屏東市林森東路東段
	農一 D/S	屏東縣長治鄉德和村德和路
	西屏 D/S	屏東縣屏東市成功路
	大鵬 E/S	屏東縣材寮鄉玉泉村玉泉路
	屏東 P/S	屏東縣潮州鎮四春里朝義路
	楓港 P/S	屏東縣獅子鄉丹路村電力巷
	墾丁 P/S	屏東縣恆春鎮南灣路
	潮東 D/S	屏東縣潮州鎮潮州路
	加一 D/S	屏東縣頭前美環西街
	里港 S/S	屏東縣里港鄉春林村里中路
	長治 S/S	屏東縣長治鄉榮華村仁愛路
	新圍 S/S	屏東縣鹽埔鄉新圍村新高路
	麟豐 S/S	屏東縣內埔鄉建國路
	西屏 S/S	屏東縣屏東市成功路德春巷
	興龍 S/S	屏東縣新園鄉興龍村臥龍路
	萬丹 S/S	屏東縣萬丹鄉四維村丹縈路
	內埔 S/S	屏東縣內埔鄉東寧村北寧路
	潮州 S/S	屏東縣潮州鎮五魁里太平路
	復興 S/S	屏東縣屏東市橋南里工業路

區域	變電所名稱	所在地
	林邊 S/S	屏東縣林邊鄉中山路
	太源 S/S	屏東縣枋寮鄉永翔路
	枋寮 S/S	屏東縣枋寮鄉榔隆山村中山路
	枋山 S/S	屏東縣枋山鄉楓港村舊庄
	恆春 S/S	屏東縣恆春鎮復興路

東部（註：P/S 一次變電所　S/S 二次變電所　D/S 一次配電變電所）

區域	變電所名稱	所在地
宜蘭縣	冬山 E/S	宜蘭縣冬山鄉進利路
	羅東 P/S	宜蘭縣冬山鄉義成路
	利澤 D/S	宜蘭縣五結鄉成興村利興
	員山 D/S	宜蘭縣員山鄉員山路
	宜府 D/S	宜蘭縣宜蘭市建蘭南路
	宜市 D/S	宜蘭縣宜蘭市林森路
	宜蘭 S/S	宜蘭縣宜蘭市東港路
	信義 S/S	宜蘭縣羅東鎮中正北路
	蘇澳 S/S	宜蘭縣蘇澳鎮中山路一段
	頭城 S/S	宜蘭縣頭城鎮新興路
	龍德 S/S	宜蘭縣蘇澳鎮德興一路
	東澳 S/S	宜蘭縣蘇澳鎮東岳村蘇花路三段
	大福 S/S	宜蘭縣壯圍鄉大福路二段
花蓮縣	鳳林 E/S	花蓮縣鳳林鎮中正路
	玉里 D/S	花達縣玉里鎮中華路
	花蓮 P/S	花蓮縣吉安鄉太昌村
	勝安 D/S	花蓮縣吉安鄉勝安村
	花港 S/S	花蓮縣新城鄉嘉南一街
	和仁 D/S	花蓮縣秀林鄉和平村

區域	變電所名稱	所在地
花蓮縣	壽豐 D/S	花蓮縣壽豐鄉豐坪路
	美崙 S/S	花蓮縣花蓮市精美路
	光華 S/S	花蓮縣吉安鄉南濱路一段
	北埔 S/S	花蓮縣秀林鄉景美村加灣
	花市 S/S	花蓮縣花蓮市中山路 391 巷
	光復 S/S	花蓮縣光復鄉大華街
	瑞穗 S/S	花蓮縣瑞穗鄉瑞祥村溫泉路一段
	富里 S/S	花蓮縣富里鄉萬寧村鎮寧
台東縣	台東 P/S	台東縣卑南鄉和平路
	大武 D/S	台東縣大武鄉尚武村
	知本 D/S	台東縣卑南鄉溫泉路
	豐里 D/S	台東縣台東市臨海路
	東成 D/S	台東縣成功鎮麒麟路
	池上 D/S	台東縣池上鄉大埔村
	鹿野 D/S	台東縣鹿野鄉光榮路
	馬蘭 D/S	台東縣台東市武昌街
	關山 S/S	台東縣關山鎮里壠里民權路
	東河 S/S	台東縣東河鄉隆昌村 3 鄰
	重安 S/S	台東縣成功鎮博愛里重安路

離島（註：P/S 一次變電所　S/S 二次變電所　D/S 一次配電變電所）

區域	變電所名稱	所在地
澎湖縣	馬公 S/S	澎湖縣馬公市海埔路

新自然主義 新醫學保健 | 新書精選目錄

訂購專線：02-23925338 分機 16　　劃撥帳號：50130123　　戶名：幸福綠光股份有限公司

來自空中的殺手：別讓電磁波謀殺你的健康

作　　者：陳文雄、陳世一
特約編輯：黃信瑜、凱特
美術設計：蔡靜玫
插　　畫：蔡靜玫
責任編輯：何　喬

發 行 人：洪美華
行　　銷：黃麗珍、莊佩璇
讀者服務：洪美月、陳候光、巫毓麗

出　　版：新自然主義
　　　　　幸福綠光股份有限公司
地　　址：台北市杭州南路一段 63 號 9 樓
電　　話：(02)23925338
傳　　真：(02)23925380
網　　址：www.thirdnature.com.tw
E‑mail　：reader@thirdnature.com.tw
印　　製：中原造像股份有限公司
初　　版：2016 年 7 月
郵撥帳號：50130123 幸福綠光股份有限公司
定　　價：新台幣 350 元（平裝）

國家圖書館出版品預行編目資料

來自空中的殺手：別讓電磁波謀殺你的健康
／陳文雄、陳世一著；-- 初版 .-- 臺北市：
新自然主義，幸福綠光，2016.07
面；　公分

ISBN 978-957-696-822-8（平裝）

1. 輻射防護　2. 電磁波
338.1　　　　　　　　　　　105010273

ISBN　978-957-696-822-8
照片提供：陳文雄、陳世一、李麗芳、典匠資訊股份有限公司（P.160、P.164、封底）
總經銷：聯合發行股份有限公司
新北市新店區寶橋路 235 巷 6 弄 6 號 2 樓
電話：(02)29178022　傳真：(02)29156275

加入新自然主義書友俱樂部，可獨享：

會員福利最超值

1. 購書優惠：即使只買1本，也可享受8折。消費滿500元免收運費。

2. 生　日　禮：生日當月購書，一律只要定價75折。

3. 社　慶　禮：每年社慶當月（3/1~3/31）單筆購書金額逾1000元，就送價值300元
　　　　　　　以上的精美禮物（贈品內容依網站公布為準）。

4. 即時驚喜回饋：（1）優先知道讀者優惠辦法及A好康活動
　　　　　　　　　（2）提前接獲演講與活動通知
　　　　　　　　　（3）率先得到新書新知訊息
　　　　　　　　　（4）隨時收到最新的電子報

入會辦法最簡單

請撥打02-23925338分機16專人服務；或上網加入http://www.thirdnature.com.tw/

（請沿線對摺，免貼郵票寄回本公司）

☐☐☐☐☐

姓名：

地址：＿＿＿＿市　＿＿＿＿鄉鎮　＿＿＿＿＿路　＿＿＿＿段
　　　　縣　　　　市區　　　　　街

　　　＿＿＿＿巷　＿＿＿＿弄　＿＿＿＿號　＿＿＿＿樓之＿＿＿＿

新自然主義
幸福綠光股份有限公司
GREEN FUTURES PUBLISHING CO., LTD.

地址：100 台北市杭州南路一段63號9樓
電話：(02)2392-5338　傳真：(02)2392-5380
出版：新自然主義．幸福綠光
劃撥帳號：50130123　戶名：幸福綠光股份有限公司

新自然主義 讀者回函卡

書籍名稱：來自空中的殺手：別讓電磁波謀殺你的健康

■ 請填寫後寄回，即刻成為新自然主義書友俱樂部會員，獨享很大很大的會員特價優惠（請看背面說明，歡迎推薦好友入會）

★ 如果您已經是會員，也請勾選填寫以下幾欄，以便內部改善參考，對您提供更貼心的服務

● 購書資訊來源： □逛書店　　　　□報紙雜誌廣播　□親友介紹　□簡訊通知
　　　　　　　　　□新自然主義書友　□相關網站

● 如何買到本書： □實體書店　□網路書店　□劃撥　□參與活動時　□其他

● 給本書作者或出版社的話：

■ 填寫後，請選擇最方便的方式寄回：
（1）傳真：02-23925380　　　　（2）影印或剪下投入郵筒（免貼郵票）
（3）E-mail：reader@thirdnature.com.tw　（4）撥打02-23925338分機16，專人代填

姓名：　　　　　　　　　性別：□女 □男　生日：　　年　　月　　日

★ 我同意會員資料使用於出版品特惠及活動通知

手機：　　　　　　　　電話（白天）：（　　）

傳真：（　　）　　　　E-mail：

聯絡地址：□□□□□　　　　　　縣（市）　　　　　鄉鎮區（市）

　　　　　　　　路（街）　　段　　巷　　弄　　號　　樓之

年齡：□16歲以下　□17-28歲　□29-39歲　□40-49歲　□50-59歲　□60歲以上
學歷：□國中及以下　□高中職　□大學/大專　□碩士　□博士
職業：□學生　　□軍公教　□服務業　□製造業　□金融業　□資訊業
　　　□傳播　　□農漁牧　□家管　　□自由業　□退休　　□其他

BOOK

新自然主義